中国开源软件系列丛书

RedOffice 应用开发指南

工业和信息化部软件与集成电路促进中心
北京红旗中文贰仟软件技术有限公司 编著

内 容 提 要

本书系统地对 RedOffice 的开发体系与各种语言环境的开发示例进行讲解，首先介绍的是 RedOffice 应用开发体系结构，并重点介绍主要支持的功能及使用的工具；其次通过采用 StarBasic 对文档进行控制，来介绍 RedOffice 的文档对象模型与接口调用方法；然后讲述了调用 RedOffice 架构、控制界面与添加功能、扩展包工作独立发布等 RedOffice 高级开发技巧；最后介绍 RedOffice 支持二次开发的系统原理与核心技术，应用程序嵌入控件的安装、部署和开发过程及具体应用实例。在附录中，提供了 RedOffice 支持 B/S 结构开发的浏览器插件应用模式与开发接口的详细讲解。

本书适合于对办公应用开发有兴趣的程序开发人员与系统分析人员，从事文档应用开发集成的技术人员阅读。同时，可供从事 RedOffice、OpenOffice.org 开源社区相关开发工作的技术人员和希望了解办公软件二次开发体系的人员参考。

图书在版编目（CIP）数据

RedOffice应用开发指南 / 工业和信息化部软件与集成电路促进中心，北京红旗中文贰仟软件技术有限公司编著. -- 北京 : 中国水利水电出版社，2011.7

（中国开源软件系列丛书）

ISBN 978-7-5084-8745-8

Ⅰ. ①R… Ⅱ. ①工… ②北… Ⅲ. ①办公自动化－应用软件，RedOffice Ⅳ. ①TP317.1

中国版本图书馆CIP数据核字(2011)第126097号

策划编辑：周春元　　责任编辑：杨元泓　　加工编辑：陈　洁

书　　名	中国开源软件系列丛书 **RedOffice 应用开发指南**
作　　者	工业和信息化部软件与集成电路促进中心 北京红旗中文贰仟软件技术有限公司　编著
出版发行	中国水利水电出版社 （北京市海淀区玉渊潭南路 1 号 D 座　100038） 网址：www.waterpub.com.cn E-mail：mchannel@263.net（万水） sales@waterpub.com.cn 电话：（010）68367658（营销中心）、82562819（万水）
经　　售	全国各地新华书店和相关出版物销售网点
排　　版	北京万水电子信息有限公司
印　　刷	北京蓝空印刷厂
规　　格	184mm×260mm　16 开本　13.5 印张　346 千字
版　　次	2011 年 9 月第 1 版　2011 年 9 月第 1 次印刷
印　　数	0001—2000 册
定　　价	32.00 元

I

中国开源软件系列丛书
编审委员会

编委会

III

前言

RedOffice是基于OpenOffice.org开发的一款办公软件产品，包括常用的文字处理、电子表格、演示文稿等模块。这套软件支持多种语言的开发与多种应用模式的嵌入支持，可以针对各种应用场景开发各种专业的应用集成服务。

本书共分8章，前5章正文首先对整个RedOffice应用开发体系结构，主要支持的功能以及使用的工具，进行概括性的介绍；然后通过StarBasic对文档进行控制的讲解，介绍RedOffice的文档对象模型与接口调用方法；通过描述如何调用RedOffice架构，控制界面与添加功能并将扩展包工作独立发布，介绍RedOffice高级开发技巧；进一步介绍RedOffice支持二次开发的系统原理与核心技术，以及语言绑定、脚本转接等高级开发支持；最后介绍应用程序嵌入控件的安装、部署和开发过程以及应用实例。后3章介绍了常用的嵌入开发接口、Javascript编程示例及术语和缩略语。

第1章：对整个RedOffice应用开发体系结构，主要支持的功能以及使用的工具，进行概括性的介绍。

第2章：RedOffice二次开发入门，通过StarBasic对文档进行控制，讲解RedOffice的文档对象模型与接口调用方法。

第3章：高级开发技巧，描述如何调用RedOffice架构，控制界面与添加功能，并将扩展包工作独立发布。

第4章：描述RedOffice支持二次开发的系统原理与核心技术，以及语言绑定、脚本转接等高级开发支持。

第5章：介绍应用程序嵌入控件的安装、部署和开发过程，以及应用实例。

第6章：介绍了RedOffice核心程序主要开发接口的定义和使用方法，便于读者或社区开发人员进行功能开发和扩展。

第7章：目前大量第三方桌面应用或网络应用使用Javascript进行开发，本章提供开发者使用Javascript对RedOffice文档进行各种操作的函数和程序接口参考指南。

第8章：本章汇总了本书用到的各种术语和缩略语，并进行简要的解释，方便读者查询使用。

本书可供从事RedOffice、OpenOffice.org开源社区相关开发工作的技术人员、从事文档应用开发集成的技术人员阅读，也可供希望了解办公软件二次开发体系的人员参考。

编　者

2011年5月

目录

1 初识 RedOffice 二次开发

1.1 概述

RedOffice 是一套基于 OpenOffice.org 基础上开发的跨平台办公套件，可以支持包括 ODF、UOF、OOXML、MS Office 97-2003 等格式的阅读与编写。

这套软件通过系统抽象层实现了对多种平台的支持，并且可以简单移植到新的平台。而且，RedOffice 基于 UNO 组件模型可以支持 C/C++、Java、Python、Perl、Javascript 及 Star Basic 宏脚本语言的二次开发。其优秀的应用程序框架也支持灵活的扩展界面添加与界面控制，可以使应用开发者简便地组装出各种文档应用界面。

1.2 UNO 组件模型

UNO（Unique Network Object）是通用网络对象的简称，是 RedOffice 与 OpenOffice.org 的基本组件技术，也是二次开发的基础，包括 Star Basic 脚本在内的所有语言对 RedOffice 二次应用开发都是以 UNO 为基础的。可以使用和编写与语言、组件技术、计算机平台和网络进行交互的组件。当前，可以在 Linux、Solaris、Windows、Power PC、FreeBSD 和 Mac OS X 上使用 UNO。其他 UNO 移植版本仍在由 OpenOffice.org 开发。支持的编程语言为 Java、C++和 Star Basic。另外，通过组件技术 Microsoft COM，UNO 也可用于其他语言。在 OpenOffice.org 上，还有可用的 Python 语言绑定。

在 RedOffice 中，还可以使用那些采用新公共语言基础结构绑定的.NET 语言来编写 UNO 程序。此外，新脚本框架可以通过多种脚本语言（例如 Javascript、Beanshell 或 Jython）来使用 API。有关详细信息，请参阅 18 脚本框架。

UNO 还可以通过其应用程序编程接口（API）来访问 RedOffice。RedOffice API 是描述 RedOffice 可编程功能的一整套规范。

通过 C++、Java 和 COM/DCOM 可以连接到本地或远程 RedOffice 实例。C++和 Java Desktop 应用程序、Java Servlet、Java Server Pages、JScript 和 VBScript，以及 Delphi、Visual Basic 等多种语言都可以通过 RedOffice 与 Office 文档一起使用。

我们可以使用 C++或 Java 来开发 UNO 组件，通过办公软件进程实例化该组件，为 RedOffice 添加新功能。例如，可以编写加载项、语言扩展、新的文件过滤器和数据库驱动程序，甚至还可以编写完整的应用程序，例如群件客户机。

UNO 组件像 Java Beans 一样与 Java IDE（集成开发环境）进行了集成，以更容易地访问 RedOffice。目前，正在开发这样一组组件，开发后将允许在 Java Frames 中编辑 RedOffice 文档。

将 RedOffice Basic 与 UNO 一起使用可以实现直接在 RedOffice 中编写 UNO 程序。通过这种方法，可以基于事件驱动的对话环境提供自己的办公软件解决方案和向导。

1.3 RedOffice SDK

RedOffice SDK（RedOffice Software Development Kit），即软件开发工具包，是 RedOffice 办公软件二次开发应用的接口总称，其中涵括了针对 RedOffice 二次开发所需的相关文档、范例等。RedOffice 是一套完整的、功能丰富的办公软件套件，与 SDK 配合使用，可提供构建和部署建立在 RedOffice 产品套件之上或与之集成的自定义解决方案。RedOffice SDK 为用户提供了在系统集成 RedOffice 时所需的各种组件、控件和插件，以实现 RedOffice 的功能扩展及应用。

具体来说，RedOffice SDK 的内容包含了组件、控件以及插件三大类接口。RedOffice 中使用 UNO 对象开发出许多组件，如文档控制、界面控制、文档对象、数据交互、文档输出等功能组件。这些基本功能组件既可以加载到 RedOffice 中，使用 RedOffice 自带的宏脚本调用，又可以通过 IE 中的脚本对象调用，还可以通过 Firefox 中的 Plug-in 插件调用。而现有的 SDK 包中的控件和插件，其主要功能是为 Windows 和 Linux 操作系统以及 IE 和 FireFox 浏览器支持 RedOffice 内嵌。

1.3.1 主要功能

RedOffice SDK 基于统一标准的架构设计思想，充分利用组件跨平台和浏览器的特性，将控件、插件以及组件结合起来形成立体性的开发平台。在这样的开发平台上，RedOffice SDK 将完成启动 RedOffice 并实现组件—控件及组件—插件的结合。具体实施过程中，RedOffice SDK 以组件作为接口开发的平台，控件和插件分别在不同环境中扮演启动 RedOffice 的角色；另外，针对调用组件包给合作厂商及相关用户带来的不便，提出编写控件、插件统一调用组件的接口和参数标准，将控件、插件和组件进行有机结合。

在 RedOffice SDK 的初期设计过程中，主要涵盖了控件、插件基本功能模块设计、控件和插件中调用组件设计、控件和插件中函数参数解析器设计、控件和插件中 XML 标准以及控件和插件中组件异常处理设计。

1.3.2 版本改进

为了进一步提高 RedOffice SDK 的可用性和易用性，开发人员对 RedOffice SDK 进行了大幅度地修改变动工作。较上一版本，开发人员对于 RedOffice SDK 的期望是去掉繁琐的调用过程，彻底精简 RedOffice SDK 工具包的内容，使合作厂商及相关用户可以更为简单、方便地实现 RedOffice 的功能集成。这一思想贯穿了 RedOffice SDK 的整个开发过程。

在上一版本中，RedOffice SDK 被设计为实现相同功能的不同控件包、插件包及组件包，设计目的是为了用户在相应环境中可直接使用 RedOffice 的相关功能，如为 IE 浏览器提供控件包，为 Firefox 提供插件包。但由此一来，所捆绑的 RedOffice SDK 就等于包含了多个具有相同功能的集成包，其中一个包的大小大约为 600K，而几个包的共同存在使得 RedOffice SDK 过于臃肿和庞大。

而在这一版本中，开发人员仅通过几个统一的插件或控件接口，对组件包中的各个功能组件进行轻松调用。原本庞大的 RedOffice SDK 精简为几个接口和一个功能组件包，达到了组件功能可用的稳定性，并在易用性上实现了大幅度的提高。

1.4 RedOffice 开发机制

作为 RedOffice SDK 的支撑，RedOffice 办公套件不但包含了标准版强大的办公文档处理功能，还整合了高效、安全的协同工作支持，增加了各种办公自动化解决方案和二次开发功能的集成。从应用系统集成的角度看，RedOffice 具有许多显著的特点：

- 采用 UNO 组件模型，实现了功能的可定制性和高可扩展性。
- 以组件形态嵌入业务系统，实现了应用集成系统的界面一致性。
- 提供 ActiveX、Mozilla Plug-in 等多种调用方式，以及组件级的直接接入方式，支持几乎所有主流应用与开发平台。
- RedOffice 本身的跨平台能力，及其对 IE / Mozilla / Firefox 等主流浏览器的集成支持，确保应用系统的跨平台特性。

RedOffice SDK 的设计同样具备了上述的各项优点和性能。在应用平台方面，RedOffice SDK 以 ActiveX 控件内嵌到浏览器中，从而应用于 Windows 系统；同样，它还可利用 Plug-in 插件内嵌到浏览器中，实现在 Linux 系统上的应用。而在不同的浏览器下，RedOffice SDK 也通过不同的调用方式完成了 RedOffice 启动及使用相关组件功能的任务。

（1）在 IE 浏览器下。

控件是在 IE 中应用 RedOffice 组件接口的包装，其主要技术是 COM 技术、API 函数和 UNO 对象。控件的主要体现是 ActiveX 形式，IE 启动时根据 CLSID 将 ActiveX 控件加载到 IE 浏览器中。在 IE 中加载的 RO-ActiveX 控件主要应用 COM 技术实现调用 UNO 对象和 RO 属性接口，使用者可以通过 JS 进行调用。如此一来，RedOffice 即可以方便地嵌入到浏览器中，作为应用系统的一部分，实现文档在线编辑和处理。控件的主要功能如下：

1）JS 启动 RedOffice。

2）调用 RedOffice 基本功能。

3）获取 RedOffice 的 Context、Frame、View 和 Document 属性。

（2）在 Firefox 浏览器下。

插件是在 FireFox 中应用 RedOffice 组件接口的包装。基本功能如下：

1）能够在浏览器中嵌入 RedOffice，并打开文档。

2）能够在网页中使用 Javascript 对 RedOffice 进行操作。

当 Firefox 浏览器检测到网页中的 object 或者 embed 标签的时候，会找到相对应的 plugin，并最终创建 Plug-in 的实例，从而使 RedOffice 在浏览器中运行。

1.5 适用对象

- 内部应用集成开发人员
- 系统集成厂商
- 各种应用解决方案的提供商

2 RedOffice 二次开发入门

2.1 开发工具及开发环境

开始开发 RedOffice 应用之前，需要准备多个文件和安装集。

（1）所需的文件。

以下文件对任何语言都是必需的。

1）RedOffice 安装。

安装一套 RedOffice。当前版本为 RedOffice 4.5。可以从 www.redoffice.com 下载 RedOffice。

注：本书介绍的是当前版本。

2）API 引用。

RedOffice API 引用是软件开发工具包的一部分，它提供了 RedOffice 对象的详细信息。最新版本可以通过 api.openoffice.org 的文档区域下载或找到。

（2）安装集。

使用 Java 开发 RedOffice API 应用程序时需要以下安装集。本章介绍如何为 RedOffice API 设置 JavaIDE。

1）JDK 1.5。

RedOffice 4.5 的 Java 应用程序需要 Java Development Kit 1.5 或更高版本。可从 java.sun.com 下载。

2）Java IDE。

下载集成开发环境（IDE），例如 NetBeans（从 www.netbeans.org 下载）。也可以使用其他 IDE，但 NetBeans 提供的集成性能最佳。RedOffice 与 IDE（例如 NetBeans）的集成尚在开发中。查看 api.openoffice.org 中的文件区域，以获得 NetBeans 和其他 IDE 的最新信息。

3）RedOffice 软件开发工具包（SDK）。

RedOffice 软件开发工具包（SDK）可以从 www.RedOffice.com 获得。它含有本手册中提到的示例的编译环境以及 RedOffice API、Java UNO 运行时和 C++ API 的参考文档，而且还提供了更多的示例源。通过 SDK，可构建并运行此处提到的示例。

将 SDK 解压缩到文件系统中的某个位置。index.html 文件提供了 SDK 的概述。有关需要使用哪种编译器以及如何设置开发环境的详细说明，请参阅《SDK 安装指南》。

（3）配置。

1）在 RedOffice 中启用 Java。

RedOffice 使用 Java 虚拟机来实例化用 Java 编写的组件。从 RedOffice 3.0 起，在启动时或最迟在需要 Java 功能时会自动查找 Java。如果您要预先选择 JRE 或 JDK，或未找到 Java，则可以通过使用 RedOffice 中工具－选项对话框，并选择 RedOffice－Java 部分来配置 Java。在旧版本的 RedOffice 中，还可以非常容易地告知办公软件使用哪一个 JVM：从 RedOffice 下的程序文件夹启动 jvmsetup 可执行文件，选择已安装的 JRE 或 JDK，然后单击“确定”按钮。关闭 RedOffice（包括任务栏中的快速启动），然后重新启动 RedOffice。另外，打开 RedOffice 中的工具－选项对话框，然后在打开的对话框中选择 RedOffice－安全部分，并确保选中了启用 Java 选项。

2）使用 Java UNO 类库。

接下来，必须使 Java IDE 识别 RedOffice 类文件。对于 NetBeans，这些 Java UNO jar 文件必须装入项目中。下列步骤介绍如何在 NetBeans 3.5.1 版本中创建新项目以及装入类文件。

① 从“项目”菜单中，选择项目管理器。单击项目管理器窗口中的“新建”按钮以创建一个新项目。NetBeans 会将您的新项目作为当前项目使用。

② 启动 NetBeans 资源管理器窗口，此窗口中应含有 Filesystems 项（要显示 NetBeans“资源管理器”窗口，请单击视图－资源管理器）。打开它的上下文菜单，并选择装入－归档文件，浏览到文件夹<OfficePath>/program/classes，在该目录中至少选择 jurt.jar、unoil.jar、ridl.jar 与 juh.jar，然后单击“完成”按钮，将 RedOffice jar 文件装入项目中。另外，也可以通过文件－装入 Filesystem 来装入文件。

③ 最后，需要为项目的源文件创建一个文件夹。从 Filesystems 图标的上下文菜单中选择装入－本地目录，然后使用“文件管理器”对话框在文件系统中的某个位置创建一个新文件夹。选中此文件夹（但不打开），然后单击完成将其添加到项目中。

3）将 API 引用添加到 IDE 中。

建议将 API 引用和 Java UNO 引用添加到 Java IDE，以获得 RedOffice API 和 Java UNO 运行时的联机帮助。在 NetBeans 3.4.1 中执行以下步骤：

打开项目并选择工具－Javadoc 管理器菜单。使用“添加文件夹”按钮添加 SDK 安装的 docs/common/ref 和 docs/java/ref 文件夹，以便在项目中使用 API 引用和 Java UNO 引用。现在，在源编辑器窗口中，当光标位于 RedOffice API 或 Java UNO 标识符上时，即可使用 Alt+F1 组合键来查看联机帮助。

（4）其他。

- Openoffice SDK 2.4 及以上版本。
- .net 开发。

2.2 开发示例

示例：Hello 文字、Hello 表格、Hello 图形。

本节概括介绍 RedOffice API 中适用于所有文档类型的一些通用机制。RedOffice 的三个主要应用方面是文字、表格和绘图形状。关键是：文字、表格和绘图形状可以出现在 Writer、Calc 或 Draw/Impress 中，但无论出现在哪种文档类型中，它们的处理方式都是相同的。掌握这些通用机制后，就可以在所有文档类型中插入和使用文字、表格和绘图了。

2.3 文字、表格和绘图的通用机制

先介绍用于处理现有文字、表格和绘图的通用接口和属性。然后，再介绍在每种文档类型中创建文字、表格和绘图的不同技巧。用于现有文字、表格和绘图的主要接口和属性如图 1 所示。

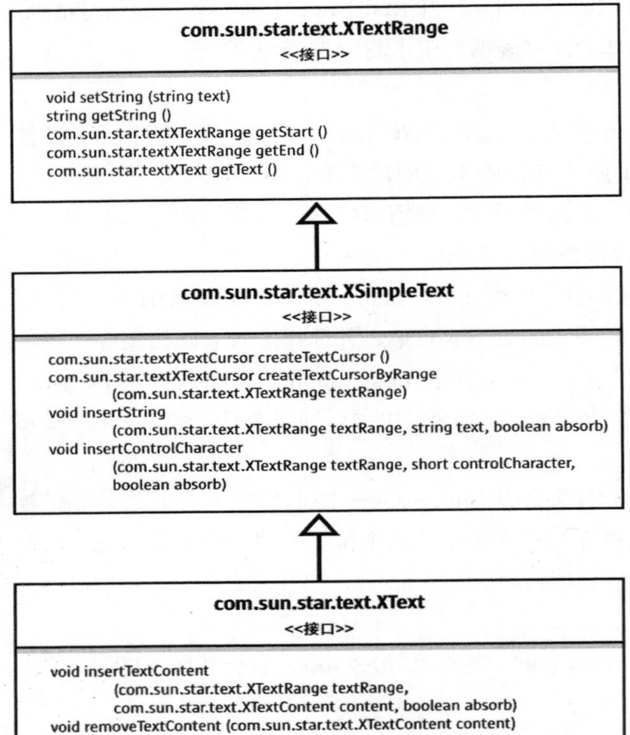

图 1：XTextRange

对于文字，com.sun.star.text.XText 接口含有用于更改实际文字和其他文字内容的方法（除了常规文字段落以外，文字内容还包括文字表格、文字字段、图形对象以及其他类似内容，但这些内容并非在所有上下文中都可用）。这里提到的文字都是指所有文字，即所有包含在文本文档、文字框、页眉和页脚、表格单元格或绘图形状中的文字。

com.sun.star.text.XText 接口可以设置或获得作为单个字符串的文字，并可以找到文字的开始和结束位置。另外，XText 可以在文字中的任意位置插入字符串，并创建文字光标以选择和格式化文字。最后，XText 通过 insertTextContent 和 removeTextContent 方法来处理文字内容，尽管并非所有文字都接受除常规文字以外的文字内容。实际上，XText 通过继承 com.sun.star.text.XSimpleText（从 com.sun.star.text.XTextRange 继承而来）而涵盖了所有的文字内容。

文字格式化通过 com.sun.star.style.ParagraphProperties 和 com.sun.star.style.CharacterProperties 服务中描述的属性来实现。

以下示例方法 manipulateText() 将添加文字，然后通过 CharacterProperties 并使用文字光标来选择和格式化字词，之后再插入更多的文字。manipulateText() 方法只含有 XText 最基本的方法，因此它可以用于每个文字对象。它尤其避免使用 insertTextContent()，因为除了常规文字外，其他任何文字内容都不能保证能够插入到所有文字对象中。（FirstSteps/HelloTextTableShape.java）

```
protected void manipulateText(XText xText) throws com.sun.star.uno.Exception {
        // simply set whole text as one string
        xText.setString("He lay flat on the brown, pine-needled floor of the forest, "
            + "his chin on his folded arms, and high overhead the wind blew in the tops "
            + "of the pine trees.");

        // create text cursor for selecting and formatting
        XTextCursor xTextCursor = xText.createTextCursor();
        XPropertySet xCursorProps = (XPropertySet)UnoRuntime.queryInterface(
            XPropertySet.class, xTextCursor);
        // use cursor to select "He lay" and apply bold italic
        xTextCursor.gotoStart(false);
        xTextCursor.goRight((short)6, true);
        // from CharacterProperties
        xCursorProps.setPropertyValue("CharPosture",
            com.sun.star.awt.FontSlant.ITALIC);
        xCursorProps.setPropertyValue("CharWeight",
            new Float(com.sun.star.awt.FontWeight.BOLD));

        // add more text at the end of the text using insertString
        xTextCursor.gotoEnd(false);
        xText.insertString(xTextCursor, " The mountainside sloped gently where he lay; "
            + "but below it was steep and he could see the dark of the oiled road "
            + "winding through the pass. There was a stream alongside the road "
            + "and far down the pass he saw a mill beside the stream and the falling water "
            + "of the dam, white in the summer sunlight.", false);
        // after insertString the cursor is behind the inserted text, insert more text
        xText.insertString(xTextCursor, "\n    \"Is that the mill?\" he asked.", false);
}
```

在表格和表格单元格中，com.sun.star. table.XCellRange 接口用于获得单个单元格和单元格的分区域。有了单元格后，可以通过 com.sun.star.table.XCell 接口来使用其公式或数值。

文字表格中的表格格式与电子表格中的表格格式并不完全相同。文字表格使用 com.sun.star.text.TextTable 中指定的属性，而电子表格使用 com.sun.star.table.CellProperties 中指定的属性。另外，表格光标还可用于选择和格式化单元格区域及其含有的文字。但由于 com.sun.star.text.TextTableCursor 与 com.sun.star.sheet.SheetCellCursor 的工作方式有很大差别，因此我们将在文本文档和电子表格文档的相关章节中对它们进行介绍。（FirstSteps/HelloTextTableShape.java）

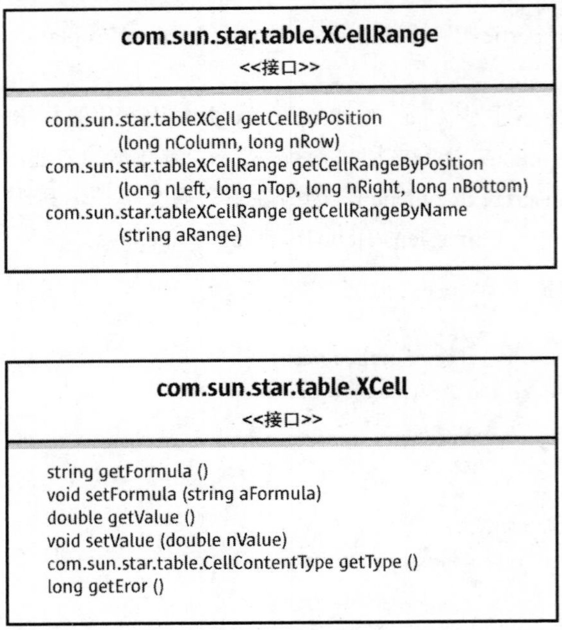

com.sun.star.table.XCellRange <<接口>>
com.sun.star.tableXCell getCellByPosition (long nColumn, long nRow) com.sun.star.tableXCellRange getCellRangeByPosition (long nLeft, long nTop, long nRight, long nBottom) com.sun.star.tableXCellRange getCellRangeByName (string aRange)

com.sun.star.table.XCell <<接口>>
string getFormula () void setFormula (string aFormula) double getValue () void setValue (double nValue) com.sun.star.table.CellContentType getType () long getEror ()

图 2：单元格和单元格区域

```
protected void manipulateTable(XCellRange xCellRange) throws com.sun.star.uno.Exception {

        String backColorPropertyName = "";
        XPropertySet xTableProps = null;

        // enter column titles and a cell value
// Enter "Quotation" in A1, "Year" in B1. We use setString because we want to change the whole
// cell text at once
        XCell xCell = xCellRange.getCellByPosition(0,0);
        XText xCellText = (XText)UnoRuntime.queryInterface(XText.class, xCell);
        xCellText.setString("Quotation");
        xCell = xCellRange.getCellByPosition(1,0);
        xCellText = (XText)UnoRuntime.queryInterface(XText.class, xCell);
        xCellText.setString("Year");

// cell value
xCell = xCellRange.getCellByPosition(1,1);
        xCell.setValue(1940);

// select the table headers and get the cell properties
XCellRange xSelectedCells = xCellRange.getCellRangeByName("A1:B1");
        XPropertySet xCellProps = (XPropertySet)UnoRuntime.queryInterface(
            XPropertySet.class, xSelectedCells);

        // format the color of the table headers and table borders
        // we need to distinguish text and spreadsheet tables:
```

```
            // - the property name for cell colors is different in text and sheet cells
            // - the common property for table borders is com.sun.star.table.TableBorder, but
//     we must apply the property TableBorder to the whole text table,
//     whereas we only want borders for spreadsheet cells with content.
  // XServiceInfo allows to distinguish text tables from spreadsheets
XServiceInfo xServiceInfo = (XServiceInfo)UnoRuntime.queryInterface(
                XServiceInfo.class, xCellRange);

// determine the correct property name for background color and the XPropertySet interface
// for the cells that should get colored border lines
if (xServiceInfo.supportsService("com.sun.star.sheet.Spreadsheet")) {
                backColorPropertyName = "CellBackColor";
                // select cells
    xSelectedCells = xCellRange.getCellRangeByName("A1:B2");
    // table properties only for selected cells
                xTableProps = (XPropertySet)UnoRuntime.queryInterface(
                    XPropertySet.class, xSelectedCells);
            }
            else if (xServiceInfo.supportsService("com.sun.star.text.TextTable")) {
                backColorPropertyName = "BackColor";
   // table properties for whole table
                xTableProps = (XPropertySet)UnoRuntime.queryInterface(
                    XPropertySet.class, xCellRange);
            }
            // set cell background color
            xCellProps.setPropertyValue(backColorPropertyName, new Integer(0x99CCFF));

 // set table borders
            // create description for blue line, width 10
            // colors are given in ARGB, comprised of four bytes for alpha-red-green-blue as in 0xAARRGGBB
BorderLine theLine = new BorderLine();
            theLine.Color = 0x000099;
            theLine.OuterLineWidth = 10;
            // apply line description to all border lines and make them valid
            TableBorder bord = new TableBorder();
            bord.VerticalLine = bord.HorizontalLine =
                bord.LeftLine = bord.RightLine =
                bord.TopLine = bord.BottomLine =
                    theLine;
            bord.IsVerticalLineValid = bord.IsHorizontalLineValid =
                bord.IsLeftLineValid = bord.IsRightLineValid =
                bord.IsTopLineValid = bord.IsBottomLineValid =
                    true;

            xTableProps.setPropertyValue("TableBorder", bord);
```

在绘图形状上，com.sun.star.drawing.XShape 接口用于确定形状的位置和大小。

com.sun.star.drawing.XShape <<接口>>
string getShapeType () com.sun.star.awt.Point getPosition () void setPosition (com.sun.star.awt.Point aPosition) com.sun.star.awt.Size getSize () invoke void setSize (com.sun.star.awt.Size aSize)

图 3：XShape

剩下的事情就是进行基于属性的格式化，要使用的属性会有很多。RedOffice 附带了 11 种不同的形状作为 GUI（图形用户界面）中绘图工具的基础。其中 6 种形状具有反映其属性的单独属性。这 6 种形状是：

- com.sun.star.drawing.EllipseShape 表示圆和椭圆。
- com.sun.star.drawing.RectangleShape 表示框。
- com.sun.star.drawing.TextShape 表示文字框。
- com.sun.star.drawing.CaptionShape 表示标签。
- com.sun.star.drawing.MeasureShape 表示轴。
- com.sun.star.drawing.ConnectorShape 表示可以“粘”到其他形状以绘制两者之间连接线的线条。

另外 5 种形状没有单独的属性，它们共享 com.sun.star.drawing.PolyPolygon BezierDescriptor 服务中定义的属性：

- com.sun.star.drawing.LineShape 表示线条和箭头。
- com.sun.star.drawing.PolyLineShape 表示由直线构成的敞口形状。
- com.sun.star.drawing.PolyPolygonShape 表示由一个或多个多边形构成的形状。
- com.sun.star.drawing.ClosedBezierShape 表示闭合的贝赛尔曲线形状。
- com.sun.star.drawing.PolyPolygonBezierShape 表示多个多边形和贝赛尔曲线形状构成的组合形状。

所有这 11 种形状都使用以下服务中的属性：

- com.sun.star.drawing.Shape 说明所有形状的基本属性，例如形状所属的层、移动和缩放保护、样式名称、3D 转换和名称等。
- com.sun.star.drawing.LineProperties 确定形状的线条的外观。
- com.sun.star.drawing.Text 本身没有属性，但包括影响编号、单元格中的形状等比序列和文字对齐、文字动画和书写方向的 com.sun.star.drawing.TextProperties。
- com.sun.star.style.ParagraphProperties 与段落格式相关。
- com.sun.star.style.CharacterProperties 格式化字符。
- com.sun.star.drawing.ShadowProperties 处理形状的阴影。
- com.sun.star.drawing.RotationDescriptor 设置形状的旋转和修剪。
- com.sun.star.drawing.FillProperties 仅用于闭合形状并说明形状的填充方式。
- com.sun.star.presentation.Shape 将演示文稿效果添加到演示文稿文档的形状中。

留意以下显示这些属性如何工作的示例：（FirstSteps/HelloTextTableShape.java）

```
protected void manipulateShape(XShape xShape) throws com.sun.star.uno.Exception {
        // for usage of setSize and setPosition in interface XShape see method useDraw() below
XPropertySet xShapeProps = (XPropertySet)UnoRuntime.queryInterface(XPropertySet.class, xShape);
// colors are given in ARGB, comprised of four bytes for alpha-red-green-blue as in 0xAARRGGBB
        xShapeProps.setPropertyValue("FillColor", new Integer(0x99CCFF));
        xShapeProps.setPropertyValue("LineColor", new Integer(0x000099));
        // angles are given in hundredth degrees, rotate by 30 degrees
xShapeProps.setPropertyValue("RotateAngle", new Integer(3000));
}
```

创建文字、表格和绘图形状

上述三种 manipulate×××方法将文字、表格和形状对象用作参数并对其进行了更改。以下方法说明如何在不同文档类型中创建此类对象。请注意，所有文档都具有自己的服务工厂，以创建要插入文档的对象。除此以外，如何进行操作，很大程度上依赖文档类型。本节仅介绍各个过程，具体解释可参阅文字、电子表格和绘图文档的相关各章。

首先，使用一个简便的方法来创建新文档。（FirstSteps/HelloTextTableShape.java）

```
protected XComponent newDocComponent(String docType) throws java.lang.Exception {
        String loadUrl = "private:factory/" + docType;
        xRemoteServiceManager = this.getRemoteServiceManager(unoUrl);
        Object desktop = xRemoteServiceManager.createInstanceWithContext(
            "com.sun.star.frame.Desktop", xRemoteContext);
        XComponentLoader xComponentLoader = (XComponentLoader)UnoRuntime.queryInterface(
            XComponentLoader.class, desktop);
        PropertyValue[] loadProps = new PropertyValue[0];
        return xComponentLoader.loadComponentFromURL(loadUrl, "_blank", 0, loadProps);
}
```

（1）Writer 中的文字、表格和绘图。

useWriter 方法可创建 Writer 文档并对其文字进行处理，然后使用文档的内部服务管理器来实例化文字表格和形状，将其插入并处理表格和形状（FirstSteps/HelloTextTableShape.java）。

```
protected void useWriter() throws java.lang.Exception {
        try {
            // create new writer document and get text, then manipulate text
            XComponent xWriterComponent = newDocComponent("swriter");
            XTextDocument xTextDocument = (XTextDocument)UnoRuntime.queryInterface(
                XTextDocument.class, xWriterComponent);
            XText xText = xTextDocument.getText();

            manipulateText(xText);

            // get internal service factory of the document
            XMultiServiceFactory xWriterFactory = (XMultiServiceFactory)UnoRuntime.queryInterface(
                XMultiServiceFactory.class, xWriterComponent);

            // insert TextTable and get cell text, then manipulate text in cell
```

```
            Object table = xWriterFactory.createInstance("com.sun.star.text.TextTable");
            XTextContent xTextContentTable = (XTextContent)UnoRuntime.queryInterface(
                XTextContent.class, table);

            xText.insertTextContent(xText.getEnd(), xTextContentTable, false);
            XCellRange xCellRange = (XCellRange)UnoRuntime.queryInterface(
                XCellRange.class, table);
            XCell xCell = xCellRange.getCellByPosition(0, 1);
            XText xCellText = (XText)UnoRuntime.queryInterface(XText.class, xCell);

            manipulateText(xCellText);
manipulateTable(xCellRange);

            // insert RectangleShape and get shape text, then manipulate text
            Object writerShape = xWriterFactory.createInstance(
                "com.sun.star.drawing.RectangleShape");
            XShape xWriterShape = (XShape)UnoRuntime.queryInterface(
                XShape.class, writerShape);
            xWriterShape.setSize(new Size(10000, 10000));
            XTextContent xTextContentShape = (XTextContent)UnoRuntime.queryInterface(
                XTextContent.class, writerShape);

            xText.insertTextContent(xText.getEnd(), xTextContentShape, false);

            XPropertySet xShapeProps = (XPropertySet)UnoRuntime.queryInterface(
                XPropertySet.class, writerShape);
            // wrap text inside shape
            xShapeProps.setPropertyValue("TextContourFrame", new Boolean(true));


            XText xShapeText = (XText)UnoRuntime.queryInterface(XText.class, writerShape);

            manipulateText(xShapeText);
            manipulateShape(xWriterShape);
        }
        catch( com.sun.star.lang.DisposedException e ) { //works from Patch 1
            xRemoteContext = null;
            throw e;
        }

}
```

（2）Calc 中的文字、表格和绘图。

useCalc 方法可创建 Calc 文档，使用其文档工厂来创建形状，并处理单元格文字、表格和形状。电子表格文档一章中处理了电子表格的所有方面。（FirstSteps/HelloTextTableShape.java）

```
protected void useCalc() throws java.lang.Exception {
        try {
            // create new calc document and manipulate cell text
            XComponent xCalcComponent = newDocComponent("scalc");
```

```
            XSpreadsheetDocument   xSpreadsheetDocument   =
                (XSpreadsheetDocument)UnoRuntime.queryInterface(
                    XSpreadsheetDocument .class, xCalcComponent);
            Object sheets = xSpreadsheetDocument.getSheets();
            XIndexAccess xIndexedSheets = (XIndexAccess)UnoRuntime.queryInterface(
                XIndexAccess.class, sheets);
            Object sheet =    xIndexedSheets.getByIndex(0);

            //get cell A2 in first sheet
            XCellRange xSpreadsheetCells = (XCellRange)UnoRuntime.queryInterface(
                XCellRange.class, sheet);
            XCell xCell = xSpreadsheetCells.getCellByPosition(0,1);
            XPropertySet xCellProps = (XPropertySet)UnoRuntime.queryInterface(
                XPropertySet.class, xCell);
            xCellProps.setPropertyValue("IsTextWrapped", new Boolean(true));
XText xCellText = (XText)UnoRuntime.queryInterface(XText.class, xCell);

            manipulateText(xCellText);
            manipulateTable(xSpreadsheetCells);
            // get internal service factory of the document
            XMultiServiceFactory xCalcFactory = (XMultiServiceFactory)UnoRuntime.queryInterface(
                XMultiServiceFactory.class, xCalcComponent);
            // get Drawpage
            XDrawPageSupplier xDrawPageSupplier =
        (XDrawPageSupplier)UnoRuntime.queryInterface(XDrawPageSupplier.class, sheet);
            XDrawPage xDrawPage = xDrawPageSupplier.getDrawPage();

            // create and insert RectangleShape and get shape text, then manipulate text
            Object calcShape = xCalcFactory.createInstance(
                "com.sun.star.drawing.RectangleShape");
            XShape xCalcShape = (XShape)UnoRuntime.queryInterface(
                XShape.class, calcShape);
            xCalcShape.setSize(new Size(10000, 10000));
            xCalcShape.setPosition(new Point(7000, 3000));

            xDrawPage.add(xCalcShape);

            XPropertySet xShapeProps = (XPropertySet)UnoRuntime.queryInterface(
                XPropertySet.class, calcShape);
            // wrap text inside shape
            xShapeProps.setPropertyValue("TextContourFrame", new Boolean(true));


            XText xShapeText = (XText)UnoRuntime.queryInterface(XText.class, calcShape);

            manipulateText(xShapeText);
            manipulateShape(xCalcShape);

        }
        catch( com.sun.star.lang.DisposedException e ) { //works from Patch 1
```

```
            xRemoteContext = null;
            throw e;
        }

}
```

（3）Draw 中的绘图和文字。

useDraw 方法可创建绘图文档，使用其文档工厂来实例化和添加形状，然后处理形状。（FirstSteps/HelloTextTableShape.java）

```
Object drawPages = xDrawPagesSupplier.getDrawPages();
            XIndexAccess xIndexedDrawPages = (XIndexAccess)UnoRuntime.queryInterface(
                XIndexAccess.class, drawPages);
            Object drawPage = xIndexedDrawPages.getByIndex(0);
            XDrawPage xDrawPage = (XDrawPage)UnoRuntime.queryInterface(XDrawPage.class, drawPage);

            // get internal service factory of the document
            XMultiServiceFactory xDrawFactory =
                (XMultiServiceFactory)UnoRuntime.queryInterface(
                    XMultiServiceFactory.class, xDrawComponent);

            Object drawShape = xDrawFactory.createInstance(
                "com.sun.star.drawing.RectangleShape");
            XShape xDrawShape = (XShape)UnoRuntime.queryInterface(XShape.class, drawShape);
            xDrawShape.setSize(new Size(10000, 20000));
            xDrawShape.setPosition(new Point(5000, 5000));
            xDrawPage.add(xDrawShape);

            XText xShapeText = (XText)UnoRuntime.queryInterface(XText.class, drawShape);
            XPropertySet xShapeProps = (XPropertySet)UnoRuntime.queryInterface(
                XPropertySet.class, drawShape);

            // wrap text inside shape
            xShapeProps.setPropertyValue("TextContourFrame", new Boolean(true));

            manipulateText(xShapeText);
            manipulateShape(xDrawShape);
        }
        catch( com.sun.star.lang.DisposedException e ) { //works from Patch 1
            xRemoteContext = null;
            throw e;
        }

}
```

3

高级开发技巧

高级开发技巧，描述如何调用 RedOffice 架构、控制界面与添加功能，并将扩展包工作独立发布。

3.1 对话框控件

3.1.1 命令按钮

命令按钮 com.sun.star.awt.UnoControlButton 允许用户通过单击按钮来执行操作。通常，按钮带有一个通过控件模型的 Label 属性设定的标签：

```
oDialogModel = oDialog.getModel()
oButtonModel = oDialogModel.getByName("CommandButton1")
oButtonModel.setPropertyValue("Label", "My Label")
```

或者更简单些：

```
oDialog.Model.CommandButton1.Label = "My Label"
```

也可以使用 com.sun.star.awt.XButton 接口的 setLabel 方法来设定标签：

```
oButton = oDialog.getControl("CommandButton1")
oButton.setLabel("My Label")
```

在运行时，您可能希望启用或禁用某个按钮。这可以通过将 Enabled 属性设定为 True 或 False 来完成。PushButtonType 属性定义了按钮的默认操作，其中 0 为“默认”，1 为“确定”，2 为“取消”，3 为“帮助”。如果按钮的 PushButtonType 值为 2，该按钮将相当于“取消”按钮，即单击该按钮将关闭对话框。在这种情况下，对话框的 execute()方法将返回值 0。PushButtonType 为 1 时相当于“确定”按钮，此时 execute()将返回值 1。DefaultButton 属性用于将命令按钮指定为对话框中的默认按钮，按 Enter 键将选择该按钮，即使焦点位于另一个控件上。Tabstop 属性用于定义是否可以用 Tab 键访问某个控件。

命令按钮具有这样一种功能，即通过设定 ImageURL 属性（其中包含图形文件路径）来显示图像。

```
oButtonModel = oDialog.Model.CommandButton1
oButtonModel.ImageURL = "file:///D:/Office60/share/gallery/bullets/bluball.gif"
oButtonModel.ImageAlign = 2
```

所有标准图形格式均受支持，例如.gif、.jpg、.tif、.wmf 和.bmp。ImageAlign 属性用于定义按钮中的图像对齐方式，其中 0 为左、1 为上、2 为右、3 为下。如果图像大小超出按钮的大小，将不会自动缩放图像，而会将其剪掉。在此方面，图像控件提供了更多功能。

3.1.2 图像控件

如果用户希望只显示图像而无需按钮功能，则可选定图像控件 com.sun.star.awt.UnoControl ImageControl。命令按钮的图形位置是通过 ImageURL 属性设定的。通常，图像的大小与控件的大小并不匹配，因此，图像控件可以通过将 ScaleImage 属性设定为 True 来按照控件大小自动缩放图像。

```
oImageControlModel = oDialog.Model.ImageControl1
oImageControlModel.ImageURL = "file:///D:/Office60/share/gallery/photos/beach.jpg"
oImageControlModel.ScaleImage = True
```

3.1.3 复选框

复选框控件 com.sun.star.awt.UnoControlCheckBox 以群组形式使用，可显示多个选项，供用户选择。选定复选框后，将显示复选标记。复选框之间是彼此独立的，因此与选项按钮不同。用户可同时选择任意多个复选框。

State 属性用于访问和更改复选框的状态，其中 0 为未选中，1 为选中，2 为未知。复选框的这种三重状态模式可通过将 TriState 属性设定为 True 来启用。三重状态的复选框还额外提供一个“未知”状态，可用于让用户选择是否设定某个选项。


```
oCheckBoxModel = oDialog.Model.CheckBox3
oCheckBoxModel.TriState = True
oCheckBoxModel.State = 2
```

使用 com.sun.star.awt.XCheckBox 接口可以获得同样的结果：

```
oCheckBox = oDialog.getControl("CheckBox3")
oCheckBox.enableTriState( True )
oCheckBox.setState( 2 )
```

3.1.4 选项按钮

选项按钮控件 com.sun.star.awt.UnoControlRadioButton 是一个有两种状态的简单开关，用户可进行选择。通常，选项按钮以群组形式使用，显示用户可以选择的多个选项。虽然选项按钮与复选框看起来相似，但是，选择一个选项按钮将取消选择同一组中的所有其他选项按钮。

请注意

属于同一组的选项按钮必须具有连续的 Tab 键索引（TabIndex）。两组选项按钮可以由任意控件分开，只要该控件的 Tab 键索引位于这两组选项按钮的 Tab 键索引之间即可。

通常会使用一个组框，或水平线和垂直线，因为直观上这些控件可将选项按钮组合在一起，但原则上可以使用任何控件。选项按钮与组框之间没有任何功能关系。选项按钮仅通过连续的 Tab 键索引来组合。

选项按钮的状态是通过 State 属性访问的，其中 0 为未选中，1 为选中。

```
Function IsChecked( oOptionButtonModel As Object ) As Boolean
    Dim bChecked As Boolean
    If oOptionButtonModel.State = 1 Then
        bChecked = True
    Else
        bChecked = False
    End If
    IsChecked = bChecked
End Function
```

3.1.5 标签字段

标签字段控件 com.sun.star.awt.UnoControlFixedText 用于显示用户无法在屏幕上编辑的文字。例如，标签字段可用于向文字字段、列表框和组合框添加说明性标签。标签字段中显示的实际文字由 Label 属性控制。Align 属性允许用户设定控件中文字的对齐方式，0 为左，1 为中，2 为右。默认情况下，标签字段在一行中显示来自 Label 属性的文字。如果文字超出控件的宽度，该文字将被截断。通过将 MultiLine 属性设定为 True 可以更改这一行为，这样，文字在必要时将显示为多行。默认情况下，绘制的标签字段控件没有边框。但是，可以通过设定 Border 属性显示带有边框的标签字段，其中，0 为没有边框，1 为 3 维边框，2 为简单边框。FontDescriptor 属性用于指定标签字段中文字的字体属性。建议在对话框编辑器中使用属性浏览器来设定此属性。

标签字段可用于为没有标签的控件定义快捷键。对于任何带有标签的控件，可以在要用作快捷方式的字符前添加波浪号（~）来定义快捷键。当用户同时按下该字符键和 Alt 键时，该控件将自动获得焦点。要为不带有标签的控件（如文字字段）指定快捷键，可以使用标签字段。在标签字段的 Label 属性中，将波形号置于相应字符前。由于标签字段无法获得焦点，焦点将自动按 Tab 键索引顺序移到下一个控件。因此，标签字段和文字字段必须具有连续的 Tab 键索引，这一点很重要。

```
oLabelModel = oDialog.Model.Label1
oLabelModel.Label = "Enter ~Text"
```

3.1.6 文字字段

文字字段控件 com.sun.star.awt.UnoControlEdit 用于在运行时获得用户的输入。总体上讲，文字字段用于可编辑的文字，但是也可以通过将 ReadOnly 属性设定为 True 使其成为只读的。文字字段中显示的实际文字由 Text 属性控制。用户可以输入的最大字符数由 MaxTextLen 属性指定。值 0 表示没有限制。默认情况下，文字字段显示单行文字。通过将 MultiLine 属性设定为 True 可以更改这一行为。HScroll 和 VScroll 属性用于显示水平和垂直滚动条。

通过按 Tab 键使文字字段获得焦点时，默认情况下，选定文字将会突出显示。文字字段中的默认光标位置是现有文字的右侧。如果用户在某个文字块被选定时开始键入，则选定的文字将被替换。

在某些情况下，用户可以更改默认的选择行为并手工设定选择。使用 com.sun.star.awt.XTextComponent 接口可完成此操作：

```
Dim sText As String
Dim oSelection As New com.sun.star.awt.Selection
REM get control
oTextField = oDialog.getControl("TextField1")
REM set displayed text
sText = "Displayed Text"
oTextField.setText( sText )
REM set selection
oSelection.Min = 0
oSelection.Max = Len( sText )
oTextField.setSelection( oSelection )
```

文字字段控件也可用于输入密码。EchoChar 属性用于指定当用户输入密码时文字字段中显示的字符。在此上下文中，可以使用 MaxTextLen 属性限制键入的字符数：

```
oTextFieldModel = oDialog.Model.TextField1
oTextFieldModel.EchoChar = Asc("*")
oTextFieldModel.MaxTextLen = 8
```

用户可在文字字段中输入任意类型的数据，例如数值和日期。这些值始终作为字符串存储在 Text 属性中，这在分析用户输入时会导致出现问题。因此，应当考虑使用日期字段、时间字段、数字字段、货币字段或格式化的字段。

3.1.7 列表框

列表框控件 com.sun.star.awt.UnoControlListBox 用于显示供用户从中选择一项或多项的项目列表。如果项数超过列表框中可以显示的数目，控件上会自动出现滚动条。如果将 Dropdown 属性设定为 True，项目列表将显示在下拉框中。在这种情况下，下拉框中的最大行计数由 LineCount 属性指定。实际的项目列表由 StringItemList 属性控制。所有选定项目由 SelectedItems 属性控制。如果将 MultiSelection 属性设定为 True，则可以选择多个项目。

处理列表框时，使用 com.sun.star.awt.XListBox 接口可能会更为容易，因为可以使用 addItem 方法将项目添加到列表的特定位置。例如，通过以下语句可将项目添加到列表的结尾：

```
Dim nCount As Integer
olist box = oDialog.getControl("list box1")
nCount = olist box.getItemCount()
olist box.addItem( "New Item", nCount )
```

使用 addItems 方法可以添加多个项目。removeItems 方法用于从列表中删除项目。例如，通过以下语句可以删除列表中的第一项：

```
Dim nPos As Integer, nCount As Integer
nPos = 0
```

```
nCount = 1
olist box.removeItems( nPos, nCount )
```

使用 selectItemPos、selectItemsPos 和 selectItem 方法可预先选定列表框项目。例如，通过以下语句可以选定列表框中的第一项：

```
olist box.selectItemPos( 0, True )
```

使用 getSelectedItem 方法可以获取当前选定的项目：

```
Dim sSelectedItem As String
sSelectedItem = olist box.getSelectedItem()
```

3.2 与软件包管理器集成

软件包管理器是一种用于部署组件、配置数据和宏库的机制。该机制使得宏开发者能够极为方便地分布宏。可通过一个命令行工具或工具－软件包管理器菜单实现它的功能。

脚本框架支持在 UNO 软件包中部署宏。当前仅支持媒体类型 application/vnd.sun.star.framework-script 的 UNO 软件包，此媒体类型 UNO 软件包中部署的宏必须使用 ScriptingFramework 存储方案和 parcel-descriptor.xml 才能正确运行。提供了 com.sun.star.deployment.PackageRegistryBackend 服务的实现，该实现支持用软件包管理器部署媒体类型 application/vnd.sun.star.framework-script 的宏库。

RedOffice Basic 宏通过单独的媒体类型 application/vnd.sun.star.basic-script 处理，这样就必须采用不同的机制。

1. ScriptingFramework 与软件包管理器 API 集成方式的概述

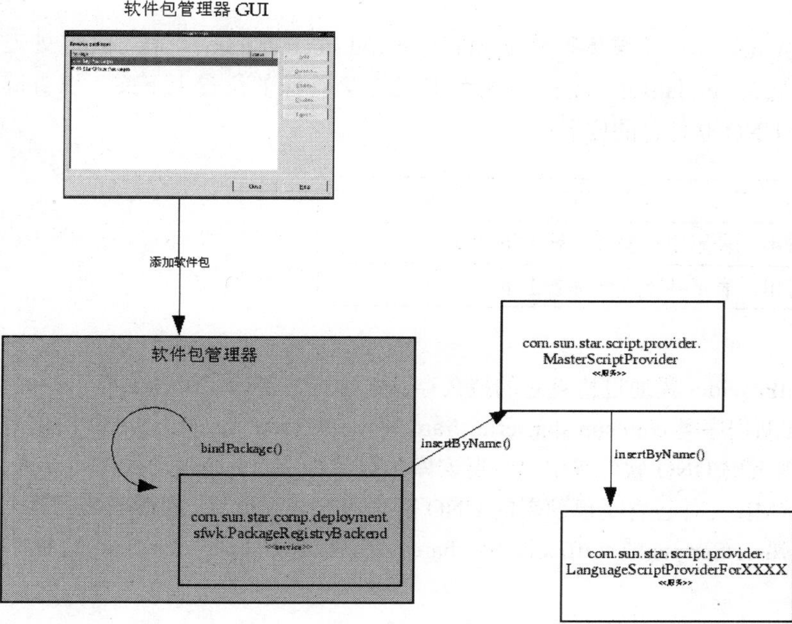

图 4：使用软件包管理器注册宏库

（1）注册。

通过 unopkg 命令行工具或工具－软件包管理器将 UNO 脚本包中的宏库注册到用户或共享安装部署上下文中，而软件包管理器子系统则会通过调用 insertByName() 方法（将相应的安装部署上下文）通知 LanguageScriptProvider。LanguageScriptProvider 保持宏库的注册信息，以便将来重新启动 RedOffice 时能够识别已注册的库。

（2）取消注册。

取消注册 UNO 脚本包中的宏库的过程与上述注册过程相似，软件包管理器子系统会通过调用 removeByName()方法通知（已用相应的安装部署上下文初始化的）LanguageScriptProvider 已删除一个宏库。LanguageScriptProvider 则会将该宏库从它持久存储的已注册宏库中删除。

2. 支持软件包管理器的 LanguageScriptProvider 实现

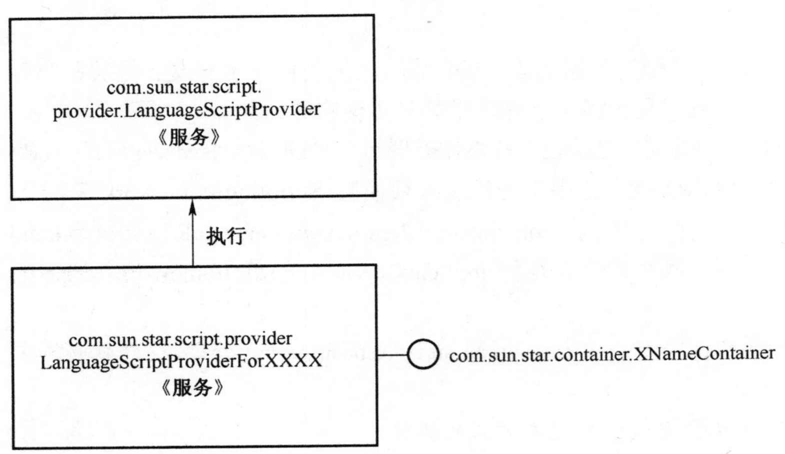

图 5：LanguageScriptProvider

为了使 LanguageScriptProvider 可以用媒体类型 application/vnd.sun.star.framework-script 处理 UNO 软件包中所含的宏库，它的 initialize()方法必须能够接受一个特殊的位置上下文，以告诉 LanguageScriptProvider 要处理 UNO 软件包的位置。

位置上下文	
"user:uno_packages"	字符串。表示用户安装部署上下文
"share:uno_packages"	字符串。表示共享安装部署上下文

图 6：位置上下文

初始化时，LanguageScriptProvider 需通过检查它的持久存储来确定已部署了哪些宏库。

那些通过实现抽象 Java 帮助程序类 com.sun.star.script.framework.provider.ScriptProvider 所创建的 LanguageScriptProvider 无需考虑 UNO 软件包中已注册宏库的存储细节。系统自动提供此支持。一个名为 unopkg-desc.xml 的 XML 文件包含了已部署的 UNO 脚本包的详细信息。根据安装部署上下文，该文件位于<OfficePath>/user/Scripts 或<OfficePath>/share/Scripts 中。unopkg-desc.xml 的 DTD 如下：

```
<?xml version="1.0" encoding="UTF-8"?>
```

```
<!-- DTD for unopkg-desc for OpenOffice.org Scripting Framework Project -->
<!ELEMENT package EMPTY>
<!ELEMENT language (package+)>
<!ELEMENT unopackages (language+)>
<!ATTLIST language
value CDATA #REQUIRED
>
<!ATTLIST package
value CDATA #REQUIRED
>
```

uno-desc.xml 文件的示例如下：

```
<unopackages xmlns:unopackages="unopackages.dtd">
  <language value="BeanShell">
    <package value="vnd.sun.star.pkg://vnd.sun.star.expand:
        $UNO_USER_PACKAGES_CACHE%2Funo_packages%2Flatest.uno.pkg/WordCount" />
  </language>
  <language value="JavaScript">
    <package value="vnd.sun.star.pkg://vnd.sun.star.expand:
        $UNO_USER_PACKAGES_CACHE%2Funo_packages%2Flatest.uno.pkg/ExportSheetsToHTML" />
    <package value="vnd.sun.star.pkg://vnd.sun.star.expand:
        $UNO_USER_PACKAGES_CACHE%2Funo_packages%2Flatest.uno.pkg/JSUtils" />
  </language>
</unopackages
```

不使用 Java 抽象帮助程序类 com.sun.star.script.framework.provider.ScriptProvider 的 LanguageScriptProvider 需要自己为支持的语言部署 UNO 软件包。

此 LanguageScriptProvider 还需要支持 com.sun.star.container.XNameContainer 接口，该接口支持以下方法：

void insertByName([in] string aName,
                   [in] any aElement)

void removeByName([in] string Name)

注册脚本的 UNO 软件包时，LanguageScriptProvider 的 insertByName() 方法被调用，其中的 aName 包含了 UNO 软件包中宏库的 URI，而 aElement 则包含了一个实现 com.sun.star.deployment.XPackage 的对象。请注意，此 URI 包含了 UNO 软件包中宏库的完整路径，包括 UNO 软件包本身的路径。

取消注册脚本的 UNO 软件包时，LanguageScriptProvider 的 removeByName() 方法被调用，其中的 aName 包含了要被取消注册的宏库的 URL。

com.sun.star.container.XNameContainer 接口支持以下方法：

com.sun.star.container.XNameAccess

boolean hasByName([in] string aName)

要确定 UNO 软件包中的宏库是否已经注册，需调用 LanguageScriptProvider 的 hasByName()，

其中的 aName 包含了此脚本库的 URL。为简短起见，我们省略了 com.sun.star.container.XNameContainer 继承的接口的其他方法，因为在软件包管理器和 LanguageScriptProvider 的交互过程中，并不使用它们。然而，开发人员仍然必须实现这些方法。

3. BrowseNode 服务的实现

为某个安装部署上下文创建的 LanguageScriptProvider 需要显示它所管理的宏和宏库。如何实现由开发人员决定。一个通过扩展 Java 抽象帮助程序类 com.sun.star.script.framework.provider.ScriptProvider 而创建的 LanguageScriptPro-viders 可以为包含支持语言宏库的每个 UNO 软件包创建节点。每个 UNO 软件包节点都包含了支持语言的宏库节点，而且这些节点也包含宏节点。

一种替代的实现是将这些宏库合并到宏库的现有树中，而不考虑这些宏是否位于 UNO 软件包中。这就是 RedOffice Basic 所采用的方法，非常宽松。

创建软件包的示例，该软件包含适合用软件包管理器部署的宏库。

以下示例显示如何从 Beanshell 宏库 Capitalize 创建 UNO 软件包。此宏库位于 RedOffice 安装的<OfficeDir>/share/beanshell/Capitalize 目录中。可以使用“软件包管理器”对话框或 unopkg 命令行工具部署创建的 UNO 软件包。

首先创建一个临时目录，例如 temp。将宏库目录及其内容复制到 temp 中，在 temp 中创建一个名为 META-INF 的子目录，在 META-INF 目录中创建一个名为 manifest.xml 的文件。

```
<Dir> Temp
|
|-<Dir> Capitalise
|   |
|   |--parcel-desc.xml
|   |--capitalise.bsh
|
|-<Dir> META-INF
      |
      |--manifest.xml
```

与 Capitalize 宏库相应的 manifest.xml 文件的内容如下：

```
<?xml version="1.0" encoding="UTF-8"?>
<!DOCTYPE manifest:manifest PUBLIC "-//OpenOffice.org//DTD Manifest 1.0//EN" "Manifest.dtd">
<manifest:manifest xmlns:manifest="http://openoffice.org/2001/manifest">
  <manifest:file-entry manifest:media-type="application/vnd.sun.star.framework-script" manifest:full-
path="Capitalise/"/>
</manifest:manifest>
```

接下来创建一个含有 temp 目录中的内容（但不包括该目录）的 ZIP 文件。该文件的扩展名应为“.uno.pkg”，例如 Capitalise.uno.pkg。

4. 部署 UNO 软件包中的宏库

要部署创建的 UNO 软件包，您需要使用工具一软件包管理器对话框或 unopkg 命令行工具。一旦成功地部署了软件包，就可以分配或执行其中的宏。

4 RedOffice 高级开发支持

描述 RedOffice 支持二次开发的系统原理与核心技术，以及语言语言绑定、脚本转接等高级开发支持。

4.1 核心技术 UNO 介绍

UNO（通用网络对象）的目标是为跨编程语言和跨平台边界的网络对象提供环境。UNO 对象可在任何地方运行和通信。UNO 通过提供以下基础框架达到此目标：

UNO 对象在一种称为 UNOIDL（UNO 接口定义语言）的抽象元语言中指定，这种语言与 CORBA IDL 或 MIDL 类似。利用 UNOIDL 规范，可以生成与语言有关的头文件和程序库，用于在目标语言中实现 UNO 对象。在 UNO 对象中，经过编译和绑定程序库的那些对象称为组件。组件必须支持某些基接口才能够在 UNO 环境中运行。

为了在目标环境中实例化组件，UNO 使用了工厂概念。该工厂称为服务管理器，它维护一个注册组件数据库，这些组件可通过名称识别，并可按名称创建。服务管理器可能会要求 Linux 加载和实例化用 C++ 编写的共享对象，也可能会调用本地 Java VM 以实例化 Java 类。这对于开发者来说是透明的，无需考虑组件的实现语言。通信是以独占方式通过 UNOIDL 中指定的接口调用来进行的。

UNO 提供桥，用于在用不同实现语言编写的进程之间以及对象之间发送方法调用和接收返回值。为此，远程桥使用一种特殊的 UNO 远程协议（URP）来支持套接字和管道。桥的两端都必须是 UNO 环境，因此，需要一种特定于语言的 UNO 运行时环境来连接任何受支持语言中的另一个 UNO 进程。这些运行时环境是作为语言绑定提供的。

RedOffice 的大多数对象都能够在 UNO 环境中进行通信。RedOffice 的可编程功能规范称为 RedOffice API。

API 概念 RedOffice API 与语言无关，可以用来指定 RedOffice 的功能。其主要目标是提供访问 RedOffice 功能的 API，使用户能够通过自己的解决方案和新功能来扩展功能，以及使 RedOffice 的内部实现可交换。

RedOffice 的长期目标是将现有的 RedOffice 拆分为若干个小组件，这些小组件可以组合起来提供 RedOffice 的完整功能。这些组件易于管理，它们通过彼此交互来提供高级功能，而且可与提供同样功能的其他实现进行交换，即使这些新实现是通过不同编程语言实现的。达到这一目标后，API、组件和基本概念将提供一个构造工具包，这使 RedOffice 可适应于多种专门解决方案，而不仅仅是一个具有预定义和静态功能的办公套件。本节全面介绍 RedOffice API 背后的概念。API 引用中有若干种其他地方没有的 UNOIDL 数据类型。该引用提供一些抽象规范，有时可能想知道如何将它们映射成可以实际使用的实现。

4.1.1 数据类型

API 引用中的数据类型属于 UNO 类型，需要将这些数据类型映射成可与 RedOffice API 配合使用的任何编程语言中的类型。前面介绍了最重要的 UNO 类型，但没有对 UNO 中的简单类型、接口、属性和服务进行详细介绍。这些类型之间存在多种特殊标志、条件和关系，如果要以专业水平使用 UNO，就需要了解这些标志、条件和关系。

本节从一个想要使用 RedOffice API 的开发者的角度出发，介绍 API 引用中的各种类型。如果有兴趣编写自己的组件，且需要定义新的接口和类型。

4.1.2 简单类型

UNO 提供了一组预定义的简单类型，如下所示：

void 空类型，仅在 any 中用作方法返回类型。

boolean 可以是 true 或 false。

byte 有符号的 8 位整数类型（范围从 -128 到 127，包括上下限）。

short 有符号的 16 位整数类型（范围从 -32768 到 32767，包括上下限）。

unsigned short 无符号的 16 位整数类型（已不再使用）。

long 有符号的 32 位整数类型（范围从 -2147483648 到 2147483647，包括上下限）。

unsigned long 无符号的 32 位整数类型（已不再使用）。

hyper 有符号的 64 位整数类型（范围从 -9223372036854775808 到 9223372036854775807，包括上下限）。

unsigned hyper 无符号的 64 位整数类型（已不再使用）。

float IEC 60559 单精度浮点类型。

double IEC 60559 双精度浮点类型。

char 表示单个的 Unicode 字符（更确切地说是单个的 UTF-16 代码单元）。

string 表示 Unicode 字符串（更确切地说是 Unicode 标量值的字符串）。

type 说明所有 UNO 类型的元类型。

any 能够表示其他所有类型值的特殊类型。

4.1.3 Any 类型

特殊类型 Any 可以表示其他所有 UNO 类型的值。在目标语言中，Any 类型需要特殊对待。Java 中提供了 AnyConverter，而 C++中提供了特殊的运算符。

4.1.4 接口

UNO 对象之间的通信基于对象接口。接口分对象外部接口和对象内部接口。

从对象外部看，接口提供对象的一种功能或某个特殊方面。通过发布一组有关对象某个特定方面的操作，接口提供对对象的访问，而无需给出对象的任何内部信息。

接口是一个十分合乎自然的概念，日常生活中经常用到它。接口允许建立彼此匹配的对象，而无须了解对象的内部细节。与标准插座匹配的电源插头，或可以适合于各种尺寸的工作手套，就是一些简单示例。这些对象的正常工作是通过标准化配合作用时所要求的最低条件来实现的。

一个较为高级的示例是简单电视系统的"遥控功能"。遥控是电视系统的功能之一，可以用 XPower 和 XChannel 接口来说明遥控功能。

XPower 接口包含控制电源的函数 turnOn()和 turnOff()，而 XChannel 接口包含控制当前通道的函数 select()、next()和 previous()。这些接口的用户不关心是使用电视机附带的原始遥控，还是某种通用遥控，只要遥控可以实现这些功能即可。只有当遥控无法实现接口承诺的某些功能时，用户才会不满意。

从对象内部或从 UNO 对象实现者的角度来看，接口是抽象规范。RedOffice API 中所有接口的抽象规范都具有一个优点：用户和实现者可签订同意遵守接口规范的合同。一个严格按照规范使用 RedOffice API 的程序将会始终有效，而对于实现者来说，只要遵守合同，就可以对其对象进行任何操作。

UNO 使用 interface 类型来说明 UNO 对象的这些方面。按照约定，所有接口名称都以字母 X 开头，以将接口类型与其他类型区分开来。所有接口类型都必须继承 com.sun.star.uno.XInterface 根接口，可以直接继承，也可以按层次继承结构继承。

接口通过封装对象数据的专用方法（成员函数）来访问该对象的内部数据。方法通常具有一个参数列表和一个返回值，而且可以定义异常以进行智能错误处理。

RedOffice API 中的异常概念与 Java 或 C++中的异常概念类似。没有明确规范，所有操作都可抛出 com.sun.star.uno.RuntimeException，但必须指定其他所有异常。

请看以下两个示例，了解 UNOIDL 表示法中的接口定义。UNOIDL 接口与 Java 接口类似，方法看起来与 Java 方法签名类似。但是，请注意下面示例中方括号内的标志：

```
// base interface for all UNO interfaces
interface XInterface
{
any queryInterface( [in] type aType );
[oneway] void acquire();
[oneway] void release();

};
// fragment of the Interface com.sun.star.io.XInputStream
interface XInputStream: com::sun::star::uno::XInterface
{
    long readBytes( [out] sequence<byte> aData,
                    [in] long nBytesToRead )
```

```
                raises( com::sun::star::io::NotConnectedException,
                        com::sun::star::io::BufferSizeExceededException,
                        com::sun::star::io::IOException);
    ...
};
```

[oneway]标志表示如果基本方法调用系统不支持此功能，则可以以异步方式执行操作。例如，UNO 远程协议（URP）桥是一个支持单向调用的系统。

尽管 UNO oneway 功能的规范和实现没有出现常规问题，但在几种 API 远程使用方案中，oneway 调用会导致 RedOffice 中发生死锁。因此，请不要使用新的 RedOffice UNO API 引入新的 oneway 方法。还存在参数标记，每个参数定义都以方向标志 in、out 或 inout 开头，用来指定参数用途：

- in 指定参数仅用作输入参数。
- out 指定参数仅用作输出参数。
- inout 指定参数可以用作输入和输出参数。

这些参数标记不在 API 引用中出现。方法细节中说明了一个参数实际上是[out]参数还是[inout]参数。包含方法的接口形成服务规范的基础。

4.1.5 服务

我们知道一个单继承接口仅说明对象的一个方面。但是，对象通常会包含多个方面。UNO 使用多继承接口和服务来指定包含多个方面的完整对象。

在第一步中，对象的所有各个方面（通常用单继承接口表示）被组合到一个多继承接口类型中。如果通过调用特定的工厂方法可获得这样的对象，则此步骤即所需的全部操作。指定工厂方法以返回给定的多继承接口类型的值。但是，如果这样的对象在全局组件上下文中可用作常规服务，则在第二步中必须有服务说明。此服务说明将为新样式，能够将服务名称（在组件上下文中通过它可获得服务）映射成给定的多继承接口类型。

为了实现向后兼容，还存在旧式服务，其中包括一组支持某一功能所需的单继承接口和属性。这样的服务还可以包括其他旧式服务。旧式服务的主要缺点在于，它无法明确指出其说明的是通过特定的工厂方法获得的对象（因此将不存在新式服务说明），还是说明在全局组件上下文中可以获得的常规服务（因此将存在新式服务说明）。

从 UNO 对象用户的角度来看，对象提供 API 引用中所述的一项服务，有时甚至提供多项独立的、多继承接口或旧式的服务。可以通过接口中分组的方法调用以及也是经过特殊接口处理的属性来使用服务。由于对功能的访问仅由接口提供，因此，希望使用某个对象的用户无需关心如何实现。从 UNO 对象实现者的角度来看，多继承接口和旧式服务用于定义某项与编程语言无关的功能，且无需提供有关对象内部实现的说明。实现某个对象意味着必须支持所有指定的接口和属性。一个 UNO 对象可以实现多项独立的、多继承接口或旧式服务。有时，实现两项或更多独立的、多继承接口或服务非常有用，因为它们具有相关的功能，或者支持对象的不同视图。说明了接口和服务之间的关系。具有多个接口的旧式服务的与语言无关规范用于实现符合此规范的 UNO 对象。这样的

UNO 对象有时被称为"组件"，尽管该术语用于说明 UNO 环境内的配置实体更为准确。图 7 使用的是直接支持多个接口的旧式服务说明，对于新式服务说明，唯一的区别就是它仅支持一个多继承接口，该接口将继承其他接口。

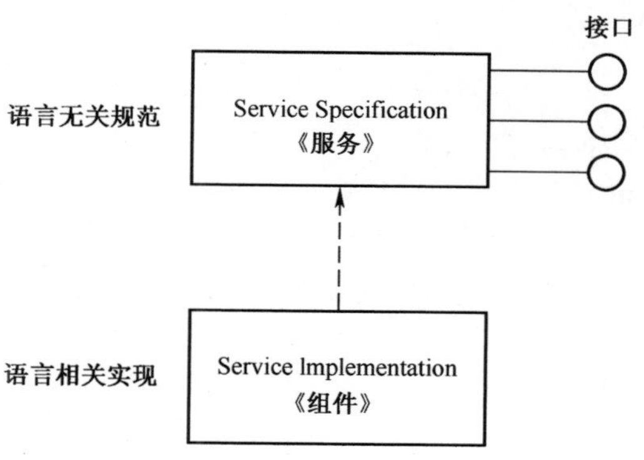

图 7：接口、服务和实现

可以按照服务规范来说明包含电视机和遥控的电视系统的功能。前面所述的 XPower 和 XChannel 接口是服务规范 RemoteControl 中的一部分。新服务 TVSet 包含三个接口：XPower、XChannel 和 XStandby，用于控制电源、频道选择、附加电源功能 standby()以及 timer()功能，如图 8 所示。

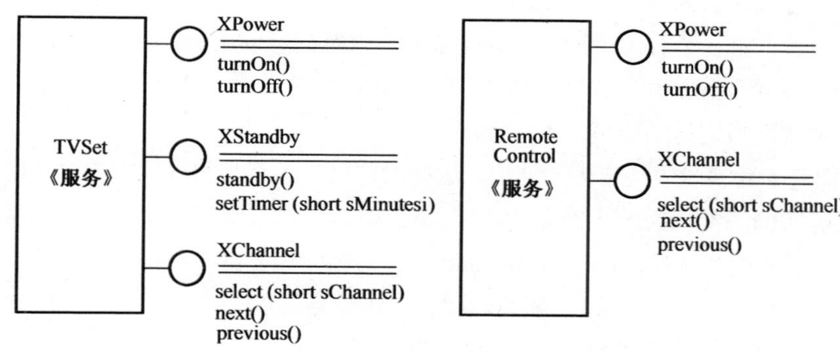

图 8：电视系统规范

4.1.6 引用接口

对某项服务定义中接口的引用意味着要实现此服务必须提供指定的接口。此外，还可以提供可选接口。如果某个多继承接口继承可选接口，或者某个旧式服务包含可选接口，则任何给定的 UNO 对象可以支持此接口，也可以不支持。如果使用某个 UNO 对象的可选接口，通常需要检查 queryIn-terface()的结果是否为 null，并作出相应的反应，否则，您的代码将与不包含可选接口的实现不兼容，并会因为出现空指针异常而结束。以下 UNOIDL 代码段说明了 RedOffice API 中 com.sun.star.text.TextDocument 的旧式服务的规范片段。请注意方括号中的标志 optional，此标志表示接口 XFootnotesSupplier 和 XEndnotesSupplier 为可选接口。

```
// com.sun.star.text.TextDocument
service TextDocument
{
    ...
    interface com::sun::star::text::XTextDocument;
    interface com::sun::star::util::XSearchable;
    interface com::sun::star::util::XRefreshable;
    [optional] interface com::sun::star::text::XFootnotesSupplier;
    [optional] interface com::sun::star::text::XEndnotesSupplier;
    ...
};
```

4.1.7 服务构造函数

新式服务可以拥有构造函数，与接口方法类似：

```
service SomeService: XSomeInterface {
    create1();
    create2([in] long arg1, [in] string arg2);
    create3([in] any... rest);
};
```

在上面的示例中，有三个显式构造函数，名为 create1、create2 和 create3。第一个构造函数没有参数，第二个有两个常规参数，第三个有一个特殊的 rest 参数，该参数可以接受任意数目的 any 值。构造函数参数只能为[in]，rest 参数必须是构造函数的唯一参数，并且必须为 any 类型；另外，与接口方法不同，服务构造函数不指定返回类型。

各个语言绑定将 UNO 构造函数映射成特定语言结构，这些结构可用于客户机代码，在给定组件上下文的情况下可得到服务实例。常规约定（例如，后跟 Java 和 C++语言绑定）将每个构造函数映射成同名的静态方法（resp 函数），将 XComponentContext 作为第一个参数，后跟构造函数中指定的所有参数，并返回一个（适当键入的）服务实例。如果无法得到实例，则会抛出 com.sun.star.uno.DeploymentException。上面的 SomeService 将映射成以下 Java 1.5 类，例如：

```
public class SomeService {
    public static XSomeInterface create1(
        com.sun.star.uno.XComponentContext context) { ... }
    public static XSomeInterface create2(
        com.sun.star.uno.XComponentContext context, int arg1, String arg2) { ... }
    public static XSomeInterface create3(
        com.sun.star.uno.XComponentContext context, Object... rest) { ... }
}
```

服务构造函数还拥有异常规范（"raises (Exception1, ...)"），其处理方法与接口方法的异常规范相同。（如果构造函数没有异常规范，则只能抛出运行时异常，尤其是 com.sun.star.uno.DeploymentException）。

如果新式服务以简写形式 service SomeService: XSomeInterface;来编写，则会有一个隐式构造函数。隐式构造函数的准确行为是特定于语言绑定的，但其名称通常为 create，除 XComponentContext 之外不接受任何参数，并且只能抛出运行时异常。

4.1.8　包含属性

建立 RedOffice API 结构时，设计者发现办公软件环境中的对象具有大量不属于对象结构的属性，更恰当地说，它们似乎是对底层对象的表面更改。同时还发现，并非某种具体类型中的任何对象都具有所有属性。因此，没有为每种属性定义一系列复杂的可选和非可选接口，而是引入了属性的概念。属性是对象中的数据，在普通接口中按名称提供以进行属性访问，接口包含 getPropertyValue()和 setPropertyValue()访问方法。属性这一概念还具有其他优点，有许多信息值得了解。

旧式服务可直接在 UNOIDL 规范中列出支持的属性。property 定义特定类型的成员变量，可以在实现组件时按照特定名称进行访问。可以通过附加标记加入对某个 property 的进一步限制。下面的旧式服务引用了一个接口和三个可选属性。所有已知 API 类型都可以是有效的属性类型：

```
// com.sun.star.text.TextContent
service TextContent
{
    interface com::sun::star::text::XTextContent;
    [optional, property] com::sun::star::text::TextContentAnchorType AnchorType;
    [optional, readonly, property] sequence<com::sun::star::text::TextContentAnchorType> AnchorTypes;
    [optional, property] com::sun::star::text::WrapTextMode TextWrap;
};
```

下面是可能的属性标志：

- optional。实现组件时可以不支持对应的属性。
- readonly。不能使用 com.sun.star.beans.XPropertySet 更改对应的属性值。
- bound。如果任何属性值通过 com.sun.star.beans.XPropertySet 注册，则属性值的更改将通知 com.sun.star.beans.XPropertyChangeListener。
- constrained。属性在其值被更改之前广播一个事件。侦听器有权禁止更改。
- maybeambiguous。某些情况下，可能无法确定属性值，例如，具有不同值的多项选择。
- maybedefault。值可能存储在某个样式工作表中，也可能存储在非对象本身的环境中。
- maybevoid。除属性类型的范围以外，值也可以为空。它与数据库中的空值类似。
- removable。对应的属性是可删除的，用于动态属性。
- transient。如果序列化对象，将不存储对应的属性。

4.1.9　引用其他服务

旧式服务可以包括其他旧式服务。此类引用是可选的。一项服务被另一项服务所包含与实现继承无关，而仅仅是合并规范。由实现者决定是继承还是授权必需的功能，或者决定是否从头实现必需的功能。

以下 UNOIDL 示例中的旧式服务 com.sun.star.text.Paragraph 包含一项必需服务 com.sun.star.text.TextContent 和五项可选服务。每个 Paragraph 都必须是 TextContent。它同时可以是 TextTable，而且可用于支持段落和字符的格式化属性：

```
// com.sun.star.text.Paragraph
service Paragraph
{
    service com::sun::star::text::TextContent;
    [optional] service com::sun::star::text::TextTable;
    [optional] service com::sun::star::style::ParagraphProperties;
    [optional] service com::sun::star::style::CharacterProperties;
    [optional] service com::sun::star::style::CharacterPropertiesAsian;
    [optional] service com::sun::star::style::CharacterPropertiesComplex;
    ...
};
```

如果上面示例中的所有旧式服务都使用多继承接口类型代替，则结构类似：多继承接口类型 Paragraph 将继承强制接口 TextContent 和可选接口 TextTable、ParagraphProperties 等。

4.1.10 组件中的服务实现

组件是一个共享库或 Java 存档文件，其中包含用 UNO 支持的某种目标编程语言实现的一项或多项服务。这样的组件必须满足基本要求（目标语言不同，通常要求也不同），而且必须支持已实现的服务的规范。这意味着必须实现所有指定的接口和属性。需要在 UNO 运行时系统中注册组件。注册之后，通过在适当的服务工厂对服务实例进行排序以及通过接口访问功能，可以使用所有已实现的服务。

根据 TVSet 和 RemoteControl 服务的示例规范，组件 RemoteTVImpl 可以模拟远程电视系统：

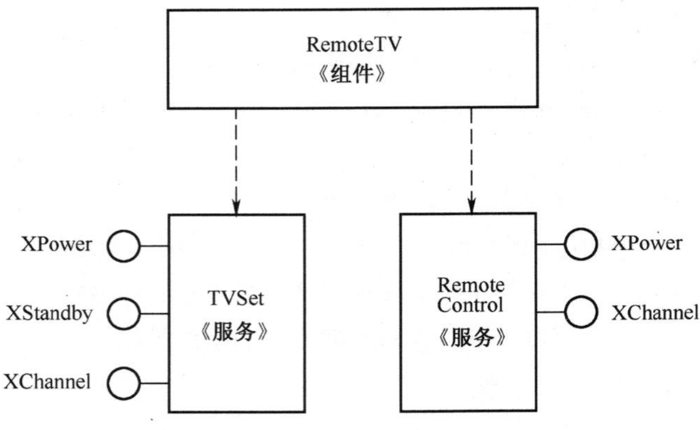

图 9：Remote TVImpl 组件

这样的 RemoteTV 组件可以是 jar 文件或共享库。它包含两个服务实现：TVSet 和 RemoteControl。用全局服务管理器注册 RemoteTV 组件后，用户就可以调用服务管理器的工厂方法，并可以请求 TVSet 或 RemoteControl 服务。然后，可以通过接口 XPower、XChannel 和 XStandby 使用其功能。以后重新实现具有更好性能或新功能的这些服务时，如果通过加入接口引入新功能，就可以在不破坏现有代码的情况下更换旧组件。

4.1.11 结构

struct 类型定义一条记录中的多个元素。struct 中的元素是结构中具有唯一名称的 UNO 类型。结构的缺点是不封装数据，但缺少 get ()和 set()方法，有助于避免通过 UNO 桥进行方法调用所产生的开销。UNO 支持 struct 类型的单继承。派生的 struct 以递归方式继承父对象以及父对象的父对象中的所有元素。

```
// com.sun.star.lang.EventObject
/** specifies the base for all event objects and identifies the
source of the event.
  */
struct EventObject
{
/** refers to the object that fired the event.
  */
com::sun::star::uno::XInterface Source;

};
// com.sun.star.beans.PropertyChangeEvent
struct PropertyChangeEvent : com::sun::star::lang::EventObject {
      string PropertyName;
      boolean Further;
      long PropertyHandle;
      any OldValue;
      any NewValue;
};
```

RedOffice [OO2.0]的一项新功能是多态结构类型。多态结构类型模板与普通结构类型类似，但它有一个或多个类型参数，并且其成员可以将这些参数作为类型。多态结构类型模板本身不是 UNO 类型，它必须使用实际的类型参数来实例化才能作为一个类型使用。

```
// A polymorphic struct type template with two type parameters:
struct Poly<T,U> {
      T member1;
      T member2;
      U member3;
      long member4;
};
// Using an instantiation of Poly as a UNO type:
interface XIfc { Poly<boolean, any> fn(); };
```

在本例中，Poly<boolean, any>将是一个具有与普通结构类型相同形式的实例化多态结构类型

```
struct PolyBooleanAny {
    boolean member1;
    boolean member2;
    any member3;
    long member4;
};
```

添加多态结构类型主要用于支持丰富的接口类型属性，这些属性与 maybeambiguous、maybedefault 或 maybevoid 属性一样富有表达力（请参阅 com.sun.star.beans.Ambiguous、com.sun.star.beans.Defaulted、com.sun.star.beans.Optional），但这些类型也可能用于其他环境中。

4.1.12 预定义值

API 提供许多预定义值，用作方法参数，或作为方法的返回值。在 UNO IDL 中，预定义值有两种不同的数据类型：常数和枚举。

1．const

const 定义有效 UNO IDL 类型的命名值。值取决于指定的类型，可以是常值（整数、浮点数或字符），另一个 const 类型的标识符或包含以下运算符的算术项：+、-、*、/、~、&、|、%、^、<<、>>。

由于可以在 const 中广泛选择类型和值，因此，const 有时用于生成对合并的值进行编码的位矢量。

```
const short ID = 23;
const boolean ERROR = true;
const double PI = 3.1415;
```

通常情况下，const 定义是常数组的一部分。

2．constants

constants 类型定义的是包含多个 const 值的一个命名组。constants 组中的 const 用组名称加上 const 名称表示。在下面的 UNO IDL 示例中，ImageAlign.RIGHT 指的是值 2：

```
constants ImageAlign {
    const short LEFT = 0;
    const short TOP = 1;
    const short RIGHT = 2;
    const short BOTTOM = 3;
};
```

4.1.13 enum

enum 类型与 C++中的枚举类型相当。它包含一个已排序列表，列表中有一个或多个标识符，代表 enum 类型的各个值。默认情况下，值按顺序编号，以 0 开头，每增加一个新值就增加 1。如果给某个 enum 值指定了一个值，则没有预定义值的所有后续 enum 值都以此指定值为基准来获得值。

```
// com.sun.star.uno.TypeClass
enum TypeClass {
    VOID,
```

```
        CHAR,
        BOOLEAN,
        BYTE,
        SHORT,
        ...
    };
    enum Error {
        SYSTEM = 10,    // value 10
        RUNTIME,        // value 11
        FATAL,          // value 12
        USER = 30,      // value 30
        SOFT            // value 31
    };
```

如果调试中使用了 enum，就应该能够通过操作一个 enum 在 API 引用中的位置来获得该 enum 的数值。但是，不要使用文字数值取代程序中的 enum。

指定和发布某个 enum 类型后，可以确定以后不会扩展该类型，因为这样做会破坏现有的代码。但是，可以将新的 const 值添加到一个常数组。

4.1.14 序列

sequence 类型是一组相同类型的元素，元素的数量可变。在 UNO IDL 中，使用的元素始终引用某个现有的已知类型或者另一个 sequence 类型。sequence 可作为其他所有类型定义中的一个一般类型出现。

```
sequence< com::sun::star::uno::XInterface >
sequence< string > getNamesOfIndex( sequence< long > indexes );
```

模块是命名空间，与 C++中的命名空间或 Java 中的包类似。模块将服务、接口、结构、异常、枚举、类型定义、常数组以及子模块与相关的功能内容或性能组合在一起。使用它们在 API 中指定一致的块，这样可以生成结构良好的 API。例如，模块 com.sun.star.text 包含接口以及其他类型，用于进行文本处理。其他一些典型模块包括 com.sun.star.uno、com.sun.star.drawing、com.sun.star.sheet 和 com.sun.star.table。一个模块内的标识符不会与其他模块内的标识符相冲突，因此，同一名称可能多次出现。API 引用的全局索引说明了确实存在这种情况。

尽管模块似乎与 RedOffice 的各个部分相对应，但是 API 模块与 RedOffice 应用程序 Writer、Calc 和 Draw 之间不存在直接的关系。Calc 和 Draw 中使用模块 com.sun.star.text 的接口。像 com.sun.star.style 或 com.sun.star.document 等模块提供的普通服务和接口不是针对 RedOffice 任何一个部分的。

在 API 引用中看到的模块是通过在模块说明中嵌套 UNO IDL 类型进行定义的。例如，模块 com.sun.star.uno 包含接口 XInterface：

```
module com {
    module sun {
        module star {
            module uno {
                interface XInterface {
```

```
                        ...
                    };
                };
            };
        };
    };
```

4.1.15 异常

exception 类型表示函数调用程序发生错误。异常类型给出发生的错误类型的基本说明。另外，UNO IDL exception 类型包含的元素给出精确规范和错误详细说明。exception 类型支持继承，这常用于定义错误分层。异常仅用于指出错误，不作为方法参数或返回类型。

UNO IDL 要求所有异常都必须从 com.sun.star.uno.Exception 继承。这是 UNO 运行时的一个前提。

```
// com.sun.star.uno.Exception is the base exception for all exceptions
exception Exception {
    string Message;
    Xinterface Context;
};
// com.sun.star.uno.RuntimeException is the base exception for serious problems
// occuring at runtime, usually programming errors or problems in the runtime environment
exception RuntimeException : com::sun::star::uno::Exception {
};
// com.sun.star.uno.SecurityException is a more specific RuntimeException
exception SecurityException : com::sun::star::uno::RuntimeException {
};
```

异常只能由指定抛出异常的操作来抛出，而 com.sun.star.uno.RuntimeException 则可以随时发生。

UNO 基接口 com.sun.star.uno.XInterface 的方法 acquire()和 release 是上述规则的例外。它们是唯一不会抛出运行时异常的操作。但在 Java 和 C++程序中，不直接使用这些方法，而是由各自的语言绑定进行处理。

4.1.16 Singleton

Singleton 用于指定已命名对象，在一个 UNO 组件上下文的生存期中恰好可以存在一个实例。Singleton 引用一个接口类型，并指定只能在组件上下文中通过使用 Singleton 名称来访问 Singleton 唯一存在的实例。如果该 Singleton 不存在实例，组件上下文将实例化一个新的实例。这种新式 Singleton 的一个示例如下：

```
module com { module sun { module star { module deployment {
singleton thePackageManagerFactory: XPackageManagerFactory;
}; }; }; };
```

各个语言绑定提供了在给定组件上下文的情况下，可得到新式 Singleton 实例的特定语言方法。例如，在 Java 和 C++中，有一个名为 get 的静态方法（resp.函数），该方法将 XComponentContext 作为其唯一的参数，并返回（适当键入的）Singleton 实例。如果无法得到实例，则会抛出

com.sun.star.uno.DeploymentException。

此外，还有旧式 Singleton，这些 Singleton 引用的是（旧式）服务而不是接口。但是，对于旧式服务，语言绑定不提供 get 功能。

4.2 了解 API 引用

4.2.1 规范、实现和实例

API 引用中包含抽象的 API 规范。API 引用的服务说明不是关于已经存在于某处的类。首先有了规范，然后按照规范创建 UNO 实现。甚至对 UNO 必须采用的传统实现也是如此。而且，由于组件开发者可以根据需要自由地实现服务和接口，因而某个特定服务规范与一个真实对象之间不一定要有一对一的关系。真实对象具有的功能可以比服务定义中指定的功能多。例如，如果您在工厂订购了一项服务，或从一个 getter 或 getPropertyValue()方法接收一个对象，指定的功能就会出现，但还可以有其他功能。例如，文本文档模型中有几个接口未包括在 com.sun.star.text.TextDocument 规范中。

由于存在可选的接口和属性，因而不可能通过 API 引用完全理解 RedOffice 中某个对象的给定实例具有什么功能。可选接口和属性对于一个抽象规范来说是恰当的，但它意味着当您离开必需的接口和属性的范围时，引用仅定义允许事物如何工作，而不是它们实际如何工作。

另一点重要的是存在对象实现实际可用的若干入口点。无法通过全局服务管理器实例化 API 引用中存在的每项旧式服务。原因如下：

有些旧式服务需要特定的环境。例如，独立于一个现有的文本文档或其他任何有用的环境来实例化 com.sun.star.text.TextFrame 是没有意义的。这样的服务通常不是由全局服务管理器建立，而是由文档工厂建立，这些文档工厂具有建立在某种具体环境中工作的对象所必需的知识。

这并不意味着永远无法从要插入的全局服务管理器中获取文字框。因此，如果您希望在 API 引用中使用某项服务，就要自问从哪里获取一个支持此服务的实例，并考虑要使用此服务的环境。如果环境是文档，则文档工厂即可创建该对象。

旧式服务不仅仅用于指定可能的类实现。有时用来指定可由其他旧式服务引用的若干组属性。也就是说，有些服务根本没有接口。无法在服务管理器中创建此类服务。少数旧式服务需要特殊对待。例如，不能让服务管理器创建 com.sun.star.text.TextDocument 的实例。必须使用桌面的 com.sun.star.frame.XComponentLoader 接口中的 loadComponent-FromUrl()方法来加载它。

在上面的第一种和最后一种情况中，使用多继承接口类型而不使用旧式服务将是最佳的设计选择，但是提到的服务在 UNO 中多继承接口类型之前即可用。

因此，有时在 API 引用中查找一个需要的功能非常麻烦，因为在实际使用引用之前，需要基本了解功能的工作原理、包含哪些服务、可以从何处获得服务等。本指南的目的在于让您了解 RedOffice 文档模型、数据库集成以及 RedOffice 应用程序本身。

4.2.2 对象复合

接口支持单继承和多继承，而且它们都基于 com.sun.star.uno.XInterface。在 API 引用中，任何接口规范的基本层次结构区域中反映了这一点。如果您查找一个接口，通常需要检查基本层次结构区域，了解各种支持的方法。例如，如果查找 com.sun.star.text.XText，您会看到两个方法 insertTextContent()和 removeTextContent()，但是，继承的接口提供了另外 9 个方法。同一情况也适用于异常，有时还适用于结构，它们也支持单继承。

API 引用中的服务规范可以包含一个区域，即包含的服务，此区域与上一个区域类似，一项包含的旧式服务可能包括全部服务。但是，包含一项服务这一事实与类继承没有关系。根本没有定义服务实现通过什么方式从技术上包含其他服务（对于 UNO 接口继承也是如此），比如说，通过从基本实现继承，通过聚合，通过其他形式的授权，或只是通过重新实现所有内容。而且，这对于一个 API 用户来说没有什么意义，因为该用户可以依赖于说明功能的可用性，但永远无需依赖于实现的内部细节，例如，哪些类提供此功能、这些类从何处继承以及它们将什么内容授权给其他类。

4.2.3 UNO 概念

现在，您已经深入了解了 RedOffice API 概念，而且了解了 UNO 对象的规范。接下来，我们将探究 UNO，即看看 UNO 对象彼此之间是如何连接和进行通信的。

4.2.4 UNO 进程间连接

不同环境中的 UNO 对象通过进程间的桥进行连接。您可以调用不同进程中的 UNO 对象实例。这是通过以下过程完成的：将方法名称和参数转换成为字节流形式，并将此信息包发送到远程进程，例如，通过套接字连接。本手册中的大多数示例使用进程间的桥来与 RedOffice 进行通信。

本节介绍如何使用 UNO API 来建立 UNO 进程间连接。

4.2.5 侦听模式

本开发者指南中的大多数示例连接到正在运行的 RedOffice，然后在 RedOffice 中执行 API 调用。默认情况下，出于安全考虑，办公软件不对资源进行侦听。这样，就有必要使 RedOffice 对进程间连接资源（例如套接字）进行侦听。目前，侦听可通过两种方法来完成：

通过附加参数启动办公软件：soffice -accept=socket,host=0,port=2002;urp;

在 UNIX shell 上，必须用引号将该字符串引起来，因为 shell 会解释分号“;”。

将上面的同一字符串去掉'-accept='写入配置文件中。您可以编辑文件<OfficePath>/share/registry/data/org/openoffice/Setup.xcu 且可以将标记<prop oor:name="ooSetupConnectionURL"/> 替换为 <prop oor:name="ooSetupConnectionURL"><value>socket,host=localhost,port=2002;urp;StarOffice.ServiceManager </value> </prop>

如果此标记不存在，请在以下标记<node oor:name="Office"/>内添加此标记，此更改会影响整个安装。如果要为网络安装中某个具体用户配置此标记，请在节点 <node oor:name="Office/> 内添加同一标记到用户相关配置目录<OfficePath>/user/registry/data/org/openoffice/的文件 Setup.xcu 中选择所需的过程，并在侦听模式下立即启动 RedOffice。通过在命令行中调用 netstat -a 或-na 来检查是否正在侦听。如果输出与下面显示的结果类似，则表示办公软件正在侦听：

CP <Hostname>:8100 <Fully qualified hostname>: 0 Listening

如果使用-n 选项，netstat 将以数字形式显示地址和端口号。这对于 UNIX 系统有时会很有用，因为 UNIX 中可能会将逻辑名称指定给端口。

如果办公软件没有侦听，可能是由于启动办公软件的连接 URL 参数不正确。检查 Setup.xcu 文件或命令行中是否存在拼写错误，然后重试。

4.2.6 导入 UNO 对象

进程间连接的最常用情况是从导出服务器导入对 UNO 对象的引用。例如，本手册中介绍的大多数 Java 示例获取对 RedOffice ComponentContext 的引用。执行此操作的正确方法是使用 com.sun.star.bridge.UnoUrlResolver 服务。其主要接口 com.sun.star.bridge.XUnoUrlResolver 用以下方法定义：

```
interface XUnoUrlResolver: com::sun::star::uno::XInterface
{
    /** resolves an object on the UNO URL */
    com::sun::star::uno::XInterface resolve( [in] string sUnoUrl )
        raises (com::sun::star::connection::NoConnectException,
                com::sun::star::connection::ConnectionSetupException,
                com::sun::star::lang::IllegalArgumentException);
};
```

传送到 resolve()方法的字符串称为 UNO URL。它必须具有以下格式：

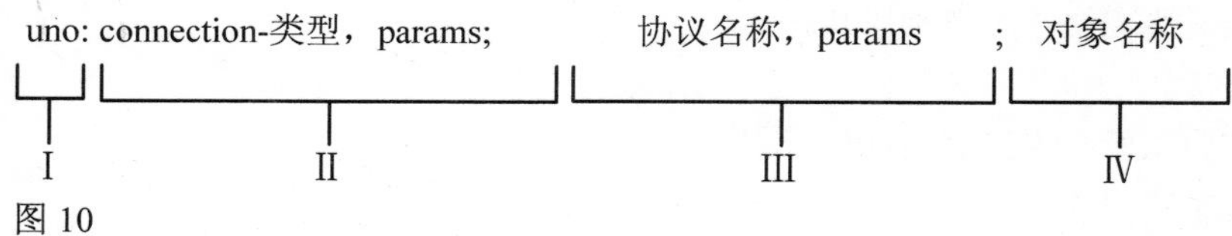

图 10

示例 URL：uno:socket,host=localhost,port=2002;urp;StarOffice.ServiceManager，此 URL 的各个部分如下：

I. URL 模式 uno:。它将 URL 标识为 UNO URL，并将它与其他 URL（例如，http:或 ftp: URL）区分开来。

II. 一个表示用于访问其他进程连接类型的字符串。在此字符串后面可以直接跟一个逗号分隔的名称值对列表，其中，名称和值用一个“=”分隔。连接类型指定传送字节流时使用的传输机制，例如，TCP/IP 套接字或命名管道。

III. 一个表示用于通过建立的字节流连接进行通信的协议类型的字符串。此字符串后面可以跟一个逗号分隔的名称值对列表，用于根据具体需要自定义协议。建议使用的协议为 urp（UNO 远程协议）。下面解释了一些有用的参数。有关完整的规范信息，请参阅 udk.openoffice.org 上名为 UNO-URL 的文档。

IV. 进程必须按照明确名称明确地导出具体对象。不能访问任意的 UNO 对象（但在 CORBA 中，则可通过 IOR 执行此操作）。

以下示例说明如何使用 UnoUrlResolver 导入对象：

```
(ProfUNO/InterprocessConn/UrlResolver.java)
    XComponentContext xLocalContext =
            com.sun.star.comp.helper.Bootstrap.createInitialComponentContext(null);
                // initial serviceManager
    XMultiComponentFactory xLocalServiceManager = xLocalContext.getServiceManager();
                // create a URL resolver
    Object urlResolver = xLocalServiceManager.createInstanceWithContext(
            "com.sun.star.bridge.UnoUrlResolver", xLocalContext);
    // query for the XUnoUrlResolver interface
    XUnoUrlResolver xUrlResolver =
            (XUnoUrlResolver) UnoRuntime.queryInterface(XUnoUrlResolver.class, urlResolver);
    // Import the object
    Object rInitialObject = xUrlResolver.resolve(
            "uno:socket,host=localhost,port=2002;urp;StarOffice.ServiceManager");
     // XComponentContext
    if (null != rInitialObject) {
            System.out.println("initial object successfully retrieved");
    } else {
            System.out.println("given initial-object name unknown at server side");
    }
```

使用 UnoUrlResolver 时有一些限制，您不能：

- 在进程间桥由于任何原因终止时得到通知。
- 关闭底层进程间连接。
- 将一个本地对象作为初始对象提供给远程进程。

这些问题可通过底层 API 得到解决。

4.2.7 进程间桥的属性

整个桥是线程安全的，并且允许多个线程执行远程调用。桥内的分发线程不会阻塞，因为它从不执行调用，而是将请求传送到工作线程。

同步调用通过连接发送请求，并使请求的线程等待应答。所有具有返回值（即 out 参数）或抛出非 RuntimeException 异常的调用必须是同步的。

异步（或 oneway）调用通过连接发送请求并立即返回，而不等待应答。目前在 IDL 接口中，使用[oneway]修饰符来指定一个请求是同步还是异步。

同步请求可以保证线程标识。当进程 A 调用进程 B，而进程 B 又调用进程 A 时，进程 A 中等待的同一线程将接管新的请求。这就避免了再次锁定同一互斥体时出现的死锁。对于异步请求，不可能发生这样的情况，因为进程 A 中没有等待的线程。这类请求在新的线程中执行。因而保证了两个进程之间的一系列调用。如果将来自进程 A 的两个异步请求发送到进程 B，第二个请求将会等待，直到完成第一个请求。

尽管远程桥支持异步调用，但此功能在默认情况下被禁用。每个调用都是同步执行。UNO 接口方法的单向标志将被忽略。但是，桥可以在启用单向功能的模式下启动，因此可以像异步调用那样执行标有[oneway]修饰符的调用。为此，必须通过',Negotiate=0,ForceSynchronous=0'扩展远程桥两端连接字符串中的协议部分。例如：

```
soffice "-accept=socket,host=0,port=2002;urp,Negotiate=0,ForceSynchronous=0;"
```

用于启动办公软件，而

```
"uno:socket,host=localhost,port=2002;urp,Negotiate=0,ForceSynchronous=0;StarOffic
e.ServiceManager"
```

作为连接到办公软件的 UNO URL。

4.2.8 打开连接

如前面章节所述，使用 UnoUrlResolver 导入 UNO 对象这一方法有些不足之处。

UnoUrlResolver 的下一层为处理进程间连接提供了非常大的灵活性。

UNO 进程间桥建立在 com.sun.star.connection.XConnection 接口上，此接口封装一个可靠的双向字节流连接（如 TCP/IP 连接）。

```
interface XConnection: com::sun::star::uno::XInterface
{
    long read( [out] sequence < byte > aReadBytes , [in] long nBytesToRead )
            raises( com::sun::star::io::IOException );
    void write( [in] sequence < byte > aData )
            raises( com::sun::star::io::IOException );
    void flush() raises( com::sun::star::io::IOException );
    void close() raises( com::sun::star::io::IOException );
    string getDescription();
};
```

建立进程间连接有多种不同的机制，其中多数机制遵循类似的模式，一个进程对资源进行侦听，并等待一个或多个进程连接到此资源。

此模式是通过导出 com.sun.star.connection.XAcceptor 接口的 com.sun.star.connection.Acceptor 和导出 com.sun.star.connection.XConnector 接口的 com.sun.star.connection.Connector 服务抽出概念。


```
interface XAcceptor: com::sun::star::uno::XInterface
{
    XConnection accept( [in] string sConnectionDescription )
            raises( AlreadyAcceptingException,
                    ConnectionSetupException,
                    com::sun::star::lang::IllegalArgumentException);

    void stopAccepting();
};
interface XConnector: com::sun::star::uno::XInterface
{
    XConnection connect( [in] string sConnectionDescription )
            raises( NoConnectException,ConnectionSetupException );
};
```

侦听进程使用 Acceptor 服务，而主动连接服务使用 Connector 服务。方法 accept()和 connect()以参数的方式获取连接字符串。它是 UNO URL 中的连接部分（位于 uno:和;urp 之间）。

连接字符串包含一个连接类型，后跟一个逗号分隔的名称值对列表。表 4-1 所示为默认情况下支持的连接类型。

表 4-1

连接类型		
套接字	可靠的 TCP/IP 套接字连接	
	参数	说明
	host	要侦听/连接资源的主机名或 IP 编号。可以是本地主机。在 Acceptor 字符串中，它可以是 0（'host=0'），这意味着接受所有可用网络接口
	port	要侦听/连接的 TCP/IP 端口号
	tcpNoDelay	对应于套接字选项 tcpNoDelay。对于 UNO 连接，应将此参数设置为 1（这是不默认值，必须明确添加此参数）。如果使用默认值（0），在某些调用组合中可能会发生 200 毫秒的延迟
管道	命名管道（使用共享内存）。此进程间连接类型比套接字连接稍微快一些，并仅适用于两个进程位于同一台计算机的情况。默认情况下，此连接类型不适用于 Java，因为 Java 不直接支持命名管道	
	参数	说明
	name	命名管道的名称。一台计算机一次只能接受一个进程名称

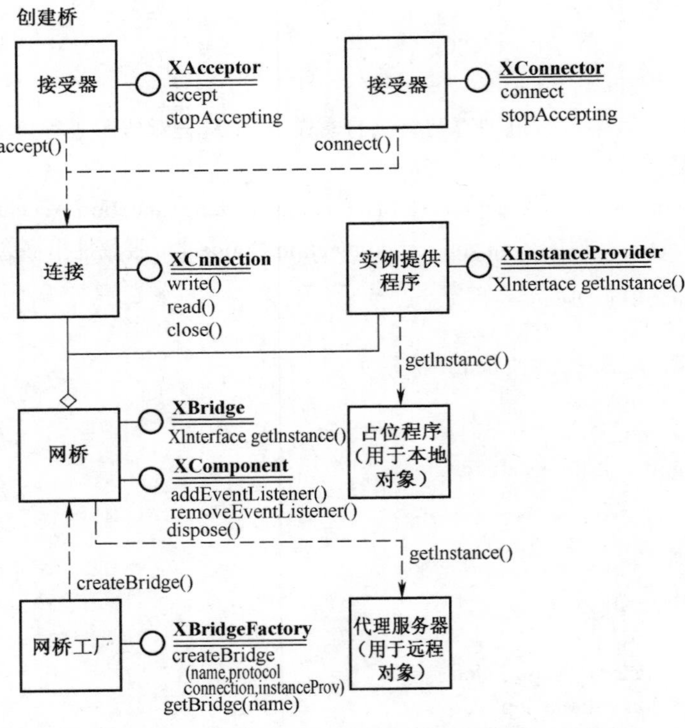

图 10：启动 UNO 进程间桥所需的服务交互（接口已经被简化）

XConnection 实例现在可以用来在连接上建立 UNO 进程间桥，而不管连接是使用 Connector 还是使用 Acceptor 服务（或别的方法）建立的。为此，必须实例化服务 com.sun.star.bridge.BridgeFactory。它支持 com.sun.star.bridge.XBridgeFactory 接口。

```
interface XBridgeFactory: com::sun::star::uno::XInterface
{
    XBridge createBridge(
            [in] string sName,
            [in] string sProtocol ,
            [in] com::sun::star::connection::XConnection aConnection ,
            [in] XInstanceProvider anInstanceProvider )
        raises ( BridgeExistsException , com::sun::star::lang::IllegalArgumentException );
    XBridge getBridge( [in] string   sName );
    sequence < XBridge > getExistingBridges( );
};
```

BridgeFactory 服务管理所有 UNO 进程间连接。createBridge()方法创建一个新桥：可以使用 sName 参数给桥指定一个明确的名称。然后可以使用此名称通过 getBridge()方法来获取桥。这使两个独立的代码段可以共享同一进程间桥。如果您使用已经存在的进程间桥名称来调用 createBridge()，就会抛出 BridgeExistsException。如果传送的是一个空字符串，通常将建立一个新的匿名桥，通过 getBridge()不会获取到此桥，而且不会抛出 BridgeExistsException。

第二个参数指定连接使用的协议。目前，仅支持'urp'协议。在 UNO URL 中，此字符串由两个“;”分隔。urp 字符串后面可以跟一个逗号分隔的名称值对列表，这些名称值对说明桥协议的属性。udk.openoffice.org 上提供了 urp 规范。

第三个参数是 XConnection 接口，因为它是通过 Connector/Acceptor 服务获取的。

第四个参数是一个 UNO 对象，该对象支持 com.sun.star.bridge.XInstanceProvider 接口。

如果不想将一个本地对象导出到远程进程，此参数可以是一个空引用。

```
interface XInstanceProvider: com::sun::star::uno::XInterface
{
    com::sun::star::uno::XInterface getInstance( [in] string sInstanceName )
        raises ( com::sun::star::container::NoSuchElementException );
};
BridgeFactory 返回一个 com.sun.star.bridge.XBridge 接口。
interface XBridge: com::sun::star::uno::XInterface
{
    XInterface getInstance( [in] string sInstanceName );
    string getName();
    string getDescription();
};
```

XBridge.getInstance()方法通过远程桥获取一个初始对象。本地 XBridge.getInstance()调用作为 XInstanceProvider.getInstance()调用到达远程进程。返回的对象可由字符串 sInstanceName 控制。它完全取决于 XInstanceProvider 的实现，即 XInstanceProvider 返回的对象。

可以从 XBridge 接口中查询 com.sun.star.lang.XComponent 接口，该接口将一个 com.sun.star.lang.XEventListener 添加到桥。当底层连接关闭时，就会终止此侦听器（请参阅前面的内容）。您也可以明确地调用 XComponent 接口中的 dispose()，来关闭底层连接并启动桥关闭过程。

4.2.9 关闭连接

如果出现以下原因，进程间连接将会关闭：桥不再使用。释放远程对象的所有代理服务器以及本地对象的所有占位程序后，进程间桥将关闭连接。这是远程桥自我析构的一般方法。进程间桥的用户不需要直接关闭进程间连接，它是自动进行的。如果在 Java 中实现一个通信进程，VM 结束最后的代理服务器/占位程序后才会关闭桥。因此，没有指定关闭进程间桥的时间。

通过调用 dispose()方法来直接废止进程间桥。

由于进程间桥实现中发生故障导致封送处理/取消封送处理发生错误，或者某个进程中的 IDL 类型不可用。除第一种原因之外，其他所有连接关闭都会启动一个进程间桥关闭过程。所有暂挂同步请求终止时都会出现 com.sun.star.lang.DisposedException，它是从 com.sun.star.uno.RuntimeException 派生的。已废止的代理服务器上启动的每个调用都会抛出 DisposedException。所有线程都不再使用桥后（原来远程进程中可能存在一个同步调用），桥将明确释放到本地进程中原始对象的所有占位程序，这些占位程序以前由原来的远程进程所有。然后，桥使用 com.sun.star.lang.XEventListener 将已废止状态通知给所有已注册的侦听器。下面的示例代码适用于识别连接的客户端，该代码显示了如何使用此机制。释放最后一个代理服务器后，桥自身被析构。遗憾的是，无法区分列出的各种错误状况。

4.3 服务管理器与组件上下文

本节讨论用于与 RedOffice（以及与任何 UNO 应用程序）连接的根对象——服务管理器。根对象用作每个 UNO 应用程序的入口点，并在实例化过程中被传送到每个 UNO 组件。

目前存在两种不同的获取根对象的概念。RedOffice 6.0 和 OpenOffice.org 1.0 使用旧概念。较新的版本或产品修补程序使用新概念，并仅针对兼容性问题提供旧概念。首先，我们来了解旧概念，即本指南底层 RedOffice 实现的主要部分中使用的服务管理器。其次，我们将介绍组件上下文（它是新概念），并解释移植路径。

4.3.1 服务管理器

com.sun.star.lang.ServiceManager 是每个 UNO 应用程序中的主要工厂。它按服务名称实例化服务，以枚举某项具体服务的所有实现，并在运行时添加或删除某项具体服务的工厂。实例化时，服务管理器被传送到每个 UNO 组件。

1. XMultiServiceFactory 接口

服务管理器的主要接口是 com.sun.star.lang.XMultiServiceFactory 接口。它提供三个方法：createInstance()、createInstanceWithArguments()和 getAvailableServiceNames()。

```
interface XMultiServiceFactory: com::sun::star::uno::XInterface
{
    com::sun::star::uno::XInterface createInstance( [in] string aServiceSpecifier )
        raises( com::sun::star::uno::Exception );
    com::sun::star::uno::XInterface createInstanceWithArguments(
```

```
                [in] string ServiceSpecifier,
                [in] sequence<any> Arguments )
            raises( com::sun::star::uno::Exception );
    sequence<string> getAvailableServiceNames();
};
```

createInstance()返回一个默认构造的服务实例。返回的服务保证至少支持所有接口，这些接口是通过请求的服务名称来指定的。现在，可以从返回的 XInterface 引用中查询服务说明中指定的接口。

使用服务名称时，调用程序不会对实例化哪个具体实现产生任何影响。如果某项服务存在多个实现，服务管理器就可以自由决定采用哪个实现。这一般不会对调用程序产生影响，因为每个实现都确实履行服务合同。性能或其他细节可能会有所不同。因此，也可以传送实现名称，而不是服务名称；但是，不建议这样做，因为实现名称可能会更改。

如果服务管理器没有为某个请求提供实现，将会返回一个空引用，因此必须进行检查。实例化时，可能会抛出所有 UNO 异常。有些可能会在要实例化的服务的规范中说明，例如，由于具体实现的配置不正确。另一个原因可能是缺少某个具体桥，例如，Java-C++桥，以防从 C++ 代码实例化 Java 组件。

createInstanceWithArguments() 使用附加参数实例化服务。一项服务表示在通过支持 com.sun.star.lang.XInitialization 接口进行实例化时需要参数。服务定义应该说明序列中每个元素的意义。可能有些服务必须使用参数来实例化。

getAvailableServiceNames()返回服务管理器确实支持的所有服务名称。

2. XContentEnumerationAccess 接口

com.sun.star.container.XContentEnumerationAccess 接口允许创建具体服务名称的所有实现的枚举。

```
interface XContentEnumerationAccess: com::sun::star::uno::XInterface
{
    com::sun::star::container::XEnumeration createContentEnumeration( [in] string aServiceName );

    sequence<string> getAvailableServiceNames();

};
```

createContentEnumeration()方法返回一个 com.sun.star.container.XEnumeration 接口。请注意，如果枚举为空，此方法可能会返回空引用。

```
interface XEnumeration: com::sun::star::uno::XInterface
{
    boolean hasMoreElements();

    any nextElement()
        raises( com::sun::star::container::NoSuchElementException,
                com::sun::star::lang::WrappedTargetException );

};
```

在上面的示例中，方法 Xenumeration.nextElement()返回的 any 中，包含一个与此特定服务的每个实现对应的 com.sun.star.lang.XSingleServiceFactory 接口。例如，您可以遍历某项具体服务的所有实现，并检查附加的已实现服务的每个实现，XSingleServiceFactory 接口就提供这样的方法。利用此方法，可以实例化一个服务丰富的功能实现。

4.3.2 XSet 接口

com.sun.star.container.XSet 接口允许在运行时将 com.sun.star.lang.XSingleServiceFactory 或 com.sun.star.lang.XSingleComponentFactory 实现插入到服务管理器或从中删除而不保存这些更改。办公软件应用程序终止时，所有更改将失效。对象还必须支持 com.sun.star.lang.XServiceInfo 接口，用于提供有关组件实现的实现名称和所支持服务的信息。

在开发阶段可能会对此功能特别感兴趣。例如，您可以连接到正在运行的办公软件，在服务管理器中插入新的工厂，以及在不需要提前注册的情况下直接实例化新服务。

前面将服务管理器描述为主要工厂，它被传送到每个新实例化的组件。部署应用程序后，一个组件通常需要更多可以交换的功能或信息。在这种环境中，服务管理器方法具有局限性。

因此，创建了组件上下文的概念。将来，此概念将会成为每个 UNO 应用程序的主要对象。它基本上是一个提供命名值的只读容器，其中一个命名值就是服务管理器。实例化时，组件上下文被传送到一个组件。这可以理解为一种组件生存环境（关系类似于 shell 环境变量与可执行程序）。

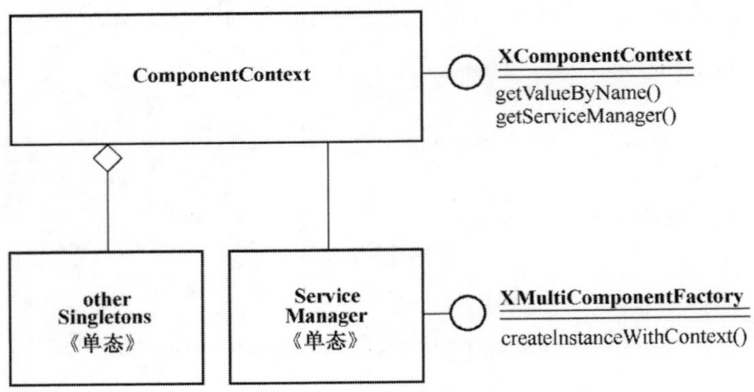

图 11：ComponentContext 与 ServiceManager

组件上下文仅支持 com.sun.star.uno.XComponentContext 接口。

```
// module com::sun::star::uno
interface XComponentContext : XInterface
{
    any getValueByName( [in] string Name );
    com::sun::star::lang::XMultiComponentFactory getServiceManager();
};
```

getValueByName() 方法返回一个命名值。getServiceManager() 是一种获取命名值 /singleton/com.sun.star.lang.theServiceManager 的便捷方法。它返回 ServiceManagersingleton，因为多数组件需要访问服务管理器。组件上下文至少提供三种命名值：在 RedOffice 6.0 PP2 中，只有 ServiceManager singleton。从 RedOffice 7 开始，增加了一个 singleton/singletons/com.sun.star.util.theMacroExpander，此 singleton 可用于在配置文件中扩展宏。在 IDL 引用中可以找到其他可能的 singleton。

- 实现属性（尚未定义）

这些属性自定义某个具体实现，并且在每个组件的模块说明中指定。模块说明是某个模块（DLL 或 jar 文件）基于 XML 的说明，其中包含一个或多个组件的一般说明。

- 服务属性（尚未定义）

这些属性可以自定义与实现无关的某项具体服务，而且是在一项服务的 IDL 规范中指定的。请注意，服务环境属性不同于服务属性。服务环境属性无法更改，而且对于所有共享同一组件上下文的服务实例都是相同的。每个实例可以具有不同的服务属性，而且在运行时可以通过 XPropertySet 接口更改服务属性。

请注意，在上述模式中，ComponentContext 引用了服务管理器，而不是相反的情况。

除了前面讨论的接口以外，ServiceManager 还支持 com.sun.star.lang.XMultiComponentFactory 接口。

```
interface XMultiComponentFactory : com::sun::star::uno::XInterface
{
com::sun::star::uno::XInterface createInstanceWithContext(
            [in] string aServiceSpecifier,
            [in] com::sun::star::uno::XComponentContext Context )
            raises (com::sun::star::uno::Exception);
    com::sun::star::uno::XInterface createInstanceWithArgumentsAndContext(
            [in] string ServiceSpecifier,
            [in] sequence<any> Arguments,
            [in] com::sun::star::uno::XComponentContext Context )
            raises (com::sun::star::uno::Exception);
    sequence< string > getAvailableServiceNames();
};
```

它替代 XMultiServiceFactory 接口。对于两种对象建立方法，它提供了一个附加的 XComponentContext 参数。此参数使调用程序能够定义组件新实例可以接收的组件上下文。多数组件使用其初始组件上下文来实例化新组件，这样就可以进行环境传播。

图 12 所示为环境传播。用户可能需要一个专用组件来获得自定义的环境。这样，用户只需包装一个现有的环境，即可建立一个新环境。用户覆盖所需的值，并将自己不感兴趣的属性授权给原始 C1 环境。用户定义实例 A 和 B 收到哪个环境。实例 A 和 B 将其环境传播到它们创建的每个新对象。这样，用户建立了两棵实例树，第一棵树完全使用环境 Ctx C1，而第二棵树则使用 Ctx C2。

用上下文创建实例
（C1）
实例 B
Ctx C1
用上下文创建实例
（C1）
getsContext()
->C1
用户
实例 D
Ctx C1
创建新上下文
（在 C1 之上）
->C2
实例 C
Ctx C2
用户
实例 A
Ctx Cz
用上下文创建实例
（C2）
用上下文创建实例
（C2）

图 12：环境传播

4.4 可用性

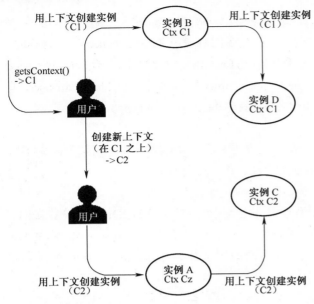

可以在 RedOffice 4.5 中使用组件上下文的最终 API。使用此 API 取代服务管理器部分中说明的 API。目前，组件上下文无法进行永久存储，因此，无法将命名值添加到一个已部署 RedOffice 的环境中。在发布未来版本之前，新 API 目前没有其他优点。

兼容性问题和移植路径

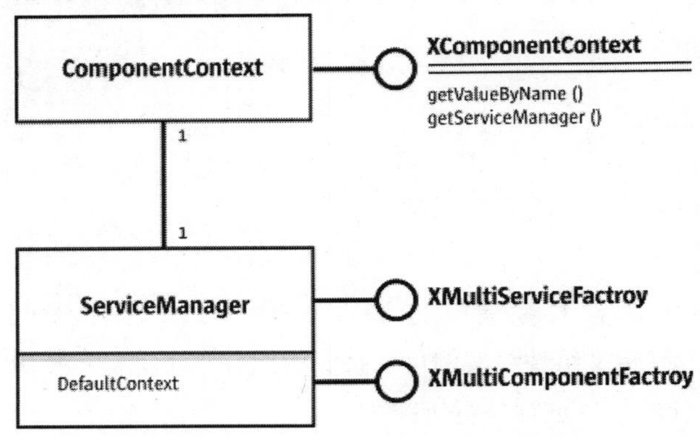

图 13：纯服务管理器与组件上下文概念之间的折中

如前所述，办公软件内目前同时使用了这两个概念。ServiceManager 支持 com.sun.star.lang.XMultiServiceFactory 和 com.sun.star.lang.XMultiComponentFactory 接口。将 XMultiServiceFactory 接口调用授权给 XMultiComponentFactory 接口。服务管理器使用自己的 XComponentContext 引用来填充未设定的参数。可以用'DefaultContext'通过 XProper-tySet 接口来获

取 ServiceManager 的组件上下文。

```
// Query for the XPropertySet interface.
// Note xOfficeServiceManager is the object retrieved by the
// UNO URL resolver
XPropertySet xPropertySet = (XPropertySet)
UnoRuntime.queryInterface(XPropertySet.class, xOfficeServiceManager);

// Get the default context from the office server.
Object oDefaultContext = xpropertysetMultiComponentFactory.getPropertyValue("DefaultContext");

// Query for the interface XComponentContext.
xComponentContext = (XComponentContext) UnoRuntime.queryInterface(
XComponentContext.class, objectDefaultContext);
```

此解决方案允许使用同一服务管理器实例，不管此实例使用旧式 API 还是新式 API。将来，所有 RedOffice 代码将仅使用新 API。但是，还将保留旧 API，目的是为了确保兼容性。

4.5 使用 UNO 接口

每个 UNO 对象都必须从接口 com.sun.star.uno.XInterface 继承。使用一个对象之前，需要了解其使用方式以及生存期。通过将 XInterface 指定为每个 UNO 接口的基接口，UNO 为对象通信打下了基础。由于历史原因，XInterface 的 UNOIDL 说明中列出了与 C++（或二进制 UNO）语言绑定中与 XInterface 有关的功能；其他语言绑定根据不同的机制提供类似的功能：

```
// module com::sun::star::uno
interface XInterface
{
    any queryInterface( [in] type aType );
    [oneway] void acquire();
    [oneway] void release();
};
```

acquire()和 release()方法通过引用计数来处理 UNO 对象的生存期。无论何时引用 UNO 对象，所有当前语言绑定都内部处理 acquire()和 release()。

queryInterface()方法获取该对象导出的其他接口。如果该对象支持类型参数指定的接口，调用程序就会请求实现该对象。type 参数必须表示一个 UNO 接口类型。调用可能返回请求类型的接口引用，或返回一个空 any。在 C++或 Java 中，只测试结果是否为 null。

当请求服务管理器创建一个服务实例时，我们无意中遇到了 Xinterface：

```
XComponentContext xLocalContext =
        com.sun.star.comp.helper.Bootstrap.createInitialComponentContext(null);

    // initial serviceManager
    XMultiComponentFactory xLocalServiceManager = xLocalContext.getServiceManager();

    // create a urlresolver
```

```
    Object urlResolver    = xLocalServiceManager.createInstanceWithContext(
        "com.sun.star.bridge.UnoUrlResolver", xLocalContext);
```

XmultiComponentFactory 的 IDL 规范显示：

```
// module com::sun::star::lang
interface XMultiComponentFactory : com::sun::star::uno::XInterface
{
    com::sun::star::uno::XInterface createInstanceWithContext(
                [in] string aServiceSpecifier,
                [in] com::sun::star::uno::XComponentContext Context )
        raises (com::sun::star::uno::Exception);
    ...
}
```

上面的代码说明的是 createInstanceWithContext()提供给定服务的一个实例，但它仅返回一个 com.sun.star.uno.XInterface。然后，通过 Java UNO 绑定将其映射成 java.lang.Object。

要访问某项服务，需要知道该服务导出哪些接口，可从 IDL 引用中获得此信息。例如，对于 com.sun.star.bridge.UnoUrlResolver 服务，您会了解到：

// module com::sun::star::bridge

service UnoUrlResolver: XUnoUrlResolver;

这意味着您在服务管理器上订购的服务必须支持 com.sun.star.bridge.XUnoUrlResolver。接下来，查询此接口的返回对象：

```
// query urlResolver for its com.sun.star.bridge.XUnoUrlResolver interface
XUnoUrlResolver xUrlResolver = (XUnoUrlResolver)
    UnoRuntime.queryInterface(UnoUrlResolver.class, urlResolver);
// test if the interface was available
if (null == xUrlResolver) {
    throw new java.lang.Exception(
        "Error: UrlResolver service does not export XUnoUrlResolver interface");
}
// use the interface
Object remoteObject = xUrlResolver.resolve(
    "uno:socket,host=0,port=2002;urp;StarOffice.ServiceManager");
```

该对象决定是否返回接口。如果该对象不返回某项服务中指定的必需接口，则会出现一个错误。获取接口引用时，根据接口规范调用此引用。在服务管理器上实例化每项服务时，可以遵循此策略，以取得成功。利用此方法，不仅可以通过服务管理器来获取 UNO 对象，而且可以通过一般接口调用来获取 UNO 对象：

```
// Module com::sun::star::text
interface XTextRange: com::sun::star::uno::XInterface
{
    XText getText();
    XTextRange getStart();
    ....
};
```

返回的接口类型是在操作中指定的，因此可以直接在返回的接口上启动调用。通常，返回的是一个实现多个接口的对象，而不是实现某个具体接口的对象。

然后，就可以查询在给定的旧式服务中指定的其他接口的返回对象，在这里，给定的旧式服务为 com.sun.star.drawing.Text。

UNO 有许多普通接口。例如，接口 com.sun.star.frame.XComponentLoader：

```
// module com::sun::star::frame
interface XComponentLoader: com::sun::star::uno::XInterface
{
    com::sun::star::lang::XComponent loadComponentFromURL( [in] string aURL,
            [in] string aTargetFrameName,
            [in] long nSearchFlags,
            [in] sequence<com::sun::star::beans::PropertyValue> aArgs )
        raises( com::sun::star::io::IOException,
                com::sun::star::lang::IllegalArgumentException );
};
```

4.6 属性

属性是属于某项服务的名称值对，用于确定服务实例中某个对象的属性。属性通常用于非结构属性，如对象的字体、大小或颜色，而 get 和 set 方法则用于像父对象或子对象这样的结构属性。

几乎在所有情况下，com.sun.star.beans.XPropertySet 都用于按名称访问的属性。其他接口，例如 com.sun.star.beans.XPropertyAccess 或 com.sun.star.beans.XMultiPropertySet，前者用于同时设置和获取所有属性，后者用于同时访问多个指定属性。这对远程连接非常有用。另外，还有用于按数字 ID 访问属性的接口，如 com.sun.star.beans.XFastPropertySet。

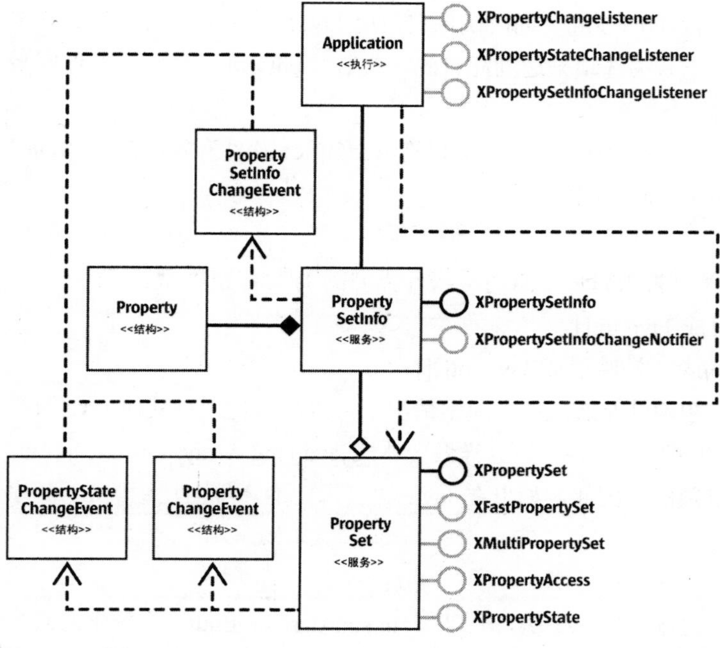

图 13：属性

4.7 UNO 语言绑定

本节介绍如何将 UNO 映射到各种编程语言或组件模型。此语言绑定有时称为 UNO 运行时环境（URE）。每个 URE 都需要符合前面各章节中所述的规范。本节还将说明 UNO 服务和接口的使用。

以下各节提供了下列主题的详细信息：

- 将所有 UNO 类型映射成编程语言类型。
- 将 UNO 异常处理映射到编程语言。
- 映射基本的对象功能（查询接口、对象生存期、对象标识）。
- 引导服务管理器。其他编程语言特有的材料（如 C++ UNO 中的核心程序库）。

目前支持 Java、C++、RedOffice Basic 以及 Windows 32 平台上支持 MS OLE Automation 或公共语言基础结构（CLI）的所有语言，将来可能会扩大支持的语言绑定数量。

4.7.1 Java 语言绑定

Java 语言绑定使开发者可以将 Java 或 UNO 组件用于客户机程序。由于可以无缝地与 UNO 桥进行交互，Java 程序可以访问用其他语言编写并用不同编译器构建的组件以及远程对象。

Java 提供了可以在客户机程序或组件实现中使用的多个类。但是，当需要与其他 UNO 对象交互时，请使用 UNO 接口，因为桥仅识别这些接口，并且可以将这些接口映射到其他环境。

要从客户机程序控制办公软件，客户机需要安装 Java 1.3（或更高版本）、可用的套接字端口以及以下 jar 文件：juh.jar、jurt.jar、ridl.jar 和 unoil.jar。服务器端无需安装 Java 程序。

使用 Java 组件时，办公软件已安装 Java 支持。同时确保已启用 Java：可以通过设置工具－选项－RedOffice－安全性对话框中的一个开关选项来达到此目的。安装 RedOffice 时应该已经安装了所有必需的 jar 文件。

"Java UNO 引用"对"Java UNO 运行时"进行了说明，可以在 RedOffice 软件开发工具包（SDK）中或在 api.openoffice.org 上找到"Java UNO 引用"。

- 序列类型的映射

带有给定组件类型的 UNO 序列类型被映射成带有对应组件类型的 Java 数组类型。

- UNO sequence<long>被映射成 Java int[]。
- UNO sequence< sequence<long> >被映射成 Java int[][]。

只有对这些 Java 数组类型的非空引用才是有效的。通常情况下，也可以使用对其他 Java 数组类型（与给定的数组类型是指定兼容的）的非空引用，但这样做会造成 java.lang.ArrayStoreException。在 Java 中，一个数组的最大长度是有限的，因此，如果在 Java 语言绑定的环境中使用的 UNO 序列太长将会出错。

1. 枚举类型的映射

UNO 枚举类型被映射为同名的公共最终 Java 类，它从 com.sun.star.uno.Enum 类派生而来。只有对生成的最终类的非空引用才是有效的。

UNO	Java
void	void
boolean	boolean
byte	byte
short	short
unsigned short	short
long	int
unsigned long	int
hyper	long
unsigned hyper	long
float	float
double	double
char	char
string	java.lang.String
type	com.sun.star.uno.Type
any	java.lang.Object/com.sun.star.uno.Any

图 14

此基类 com.sun.star.uno.Enum 声明存储实际值的保护成员、初始化值的保护构造函数以及获取实际值的公共 getValue()方法。生成的最终类拥有一个保护构造函数以及一个公共方法 getDefault()，后者返回一个实例，此实例以第一个枚举成员的值为默认值。对于 UNO 枚举类型的各成员，对应的 Java 类声明给定 Java 类型的一个公共静态成员，该类型用 UNO 枚举成员的值进行初始化。枚举类型的 Java 类有一个附加的公共方法 fromInt()，此方法返回包含指定值的实例，如以下 IDL 定义用于 com.sun.star.uno.TypeClass：

```
module com { module sun { module star { module uno {
enum TypeClass {
    INTERFACE,
    SERVICE,
    IMPLEMENTATION,
    STRUCT,
    TYPEDEF,
    ...
};
}; }; }; };
```

被映射成：

```
package com.sun.star.uno;
public final class TypeClass extends com.sun.star.uno.Enum {
    private TypeClass(int value) {
        super(value);
    }
    public static TypeClass getDefault() {
        return INTERFACE;
```

```
    }
    public static final TypeClass INTERFACE = new TypeClass(0);
    public static final TypeClass SERVICE = new TypeClass(1);
    public static final TypeClass IMPLEMENTATION = new TypeClass(2);
    public static final TypeClass STRUCT = new TypeClass(3);
    public static final TypeClass TYPEDEF = new TypeClass(4);
    ...
    public static TypeClass fromInt(int value) {
        switch (value) {
        case 0:
            return INTERFACE;
        case 1:
            return SERVICE;
        case 2:
            return IMPLEMENTATION;
        case 3:
            return STRUCT;
        case 4:
            return TYPEDEF;
        ...
        }
    }
}
```

2. 结构类型的映射

普通的UNO结构类型被映射成一个同名的公共Java类。只有对这种类的非空引用才是有效的。UNO 结构类型的每个成员都被映射成相同名称、对应类型的公共字段。该类提供一个用默认值初始化所有成员的默认构造函数，以及一个获取所有结构成员确切值的构造函数。如果一个普通结构类型继承另一个结构类型，则生成的类是被继承结构类型的类的子类。


```
module com { module sun { module star { module chart {
struct ChartDataChangeEvent: com::sun::star::lang::EventObject {
    ChartDataChangeType Type;
    short StartColumn;
    short EndColumn;
    short StartRow;
    short EndRow;
};
}; }; }; };
```

被映射成：

```
package com.sun.star.chart;
public class ChartDataChangeEvent extends com.sun.star.lang.EventObject {
    public ChartDataChangeType Type;
    public short StartColumn;
    public short EndColumn;
```

```
        public short StartRow;
        public short EndRow;
        public ChartDataChangeEvent() {
            Type = ChartDataChangeType.getDefault();
        }
        public ChartDataChangeEvent(
            Object Source, ChartDataChangeType Type,
    short StartColumn, short EndColumn, short StartRow, short EndRow)
        {
            super(Source);
            this.Type = Type;
            this.StartColumn = StartColumn;
            this.EndColumn = EndColumn;
            this.StartRow = StartRow;
            this.EndRow = EndRow;
        }
    }
```

与普通结构类型类似，UNO 多态结构类型模板也被映射成 Java 类。唯一区别在于带有参数类型的结构成员的处理方法，反过来，此处理在 Java 1.5 和旧版本之间也有所不同。

以多态结构类型模板为例：

```
module com { module sun { module star { module beans {
struct Optional<T> {
    boolean IsPresent;
    T Value;
};
}; }; }; };
```

在 Java 1.5 中，带有一系列类型参数的多态结构类型模板被映射成带有对应系列无约束类型参数的一般 Java 类。对于 com.sun.star.beans.Optional，这意味着对应的 Java 1.5 类与以下示例类似：

```
package com.sun.star.beans;
public class Optional<T> {
    public boolean IsPresent;
    public T Value;
    public Optional() {}
    public Optional(boolean IsPresent, T Value) {
        this.IsPresent = IsPresent;
        this.Value = Value;
    }
}
```

这种多态结构类型模板的实例很自然地映射成 Java 1.5。例如，UNO Optional<string>映射成 Java Optional<String>。但是，通常映射成原始 Java 类型的 UNO 类型参数映射成相应的 Java 包装类型：

- boolean 映射成 java.lang.Boolean。

- byte 映射成 java.lang.Byte。
- short 和 unsigned short 映射成 java.lang.Short。
- long 和 unsigned long 映射成 java.lang.Integer。
- hyper 和 unsigned hyper 映射成 java.lang.Long。
- float 映射成 java.lang.Float。
- double 映射成 java.lang.Double。
- char 映射成 java.lang.Character。

例如，UNO Optional<long> 映射成 Java Optional<Integer>。还要注意，any 和 com.sun.star.uno.XInterface 的 UNO 类型参数都映射成 java.lang.Object，因此，Optional<any>和 Optional<XInterface> 都映射成 Java Optional<Object>。

处理默认构造的多态结构类型实例的参数成员时，仍然存在少数问题和缺陷。一个问题是默认构造函数将这种成员初始化为 null，但是，除 any 的值或接口类型以外，null 在 Java UNO 的环境中通常不是合法值。例如，new Optional<PropertyValue>().Value 的类型为 com.sun.star.beans. PropertyValue（结构类型），但它却是一个空引用。同样，newOptional<Boolean>().Value 也是一个空引用（而不是对 Boolean.FALSE 的引用）。所选的解决方案通常允许将空引用作为 Java 类字段的值，这些值与 UNO 多态结构类型的参数成员相对应。然而，为了避免出现任何问题，这种情况下最好不要依赖默认构造函数，而是要明确初始化所有有问题的字段。请注意，这并非真正是 Optional 的问题，如同 Optional< T >() 一样。对于默认构造的实例，IsPresent 始终为 false，由于 com.sun.star.beans.Optional 的文档约定，Value 的实际内容应被忽略，其他情况下，应忽略 com.sun.star.beans.Ambiguous，然而，这是一个实际问题）。

另一个缺陷是默认构造的多态结构类型实例的类型 any 的参数成员（在 Java 1.5 中为 newOptional<Object>().Value，在 C++中为 Optional<Any> o; o.Value）在 Java 语言绑定和 C++ 语言绑定中的值不同。在 Java 中，它包含类型 XInterface 的一个空引用（即 Java 值 null），而在 C++ 中，它却包含 void。此外，为了避免出现任何问题，这种情况下最好不要依赖默认构造函数。

在 1.5 以前的 Java 版本中（这些版本不支持一般类型），多态结构类型模板以这样一种方法被映射成普通的 Java 类：任何参数成员都被映射成类 java.lang.Object 的类字段。这通常没有使用一般类型可取，因为它降低了类型安全性，但它具有与 Java 1.5 兼容的优点（实际上，单个 Java 类文件是为给定的 UNO 结构类型模板生成的，该类文件适用于 Java 1.5 和旧版本）。在 1.5 以前的 Java 版本中，Optional 示例如下：

```
package com.sun.star.beans;
public class Optional {
    public boolean IsPresent;
    public Object Value;
    public Optional() {}
    public Optional(boolean IsPresent, Object Value) {
        this.IsPresent = IsPresent;
        this.Value = Value;
    }
}
```

如何使用 java.lang.Object 表示任意 UNO 类型的值，其详细介绍如下：

- UNO 类型 boolean、byte、short、long、hyper、float、double 和 char 的值通过对应的 Java 类型 java.lang.Boolean、java.lang.Byte、java.lang.Short、java.lang.Integer、java.lang.Long、java.lang.Float、java.lang.Double 和 java.lang.Character 的非空引用表示。
- UNO 类型 unsigned short、unsigned long 和 unsigned hyper 的值通过对应的 Java 类型 java.lang.Short、java.lang.Integer 和 java.lang.Long 的非空引用表示。这样的 Java 类型的值是对应于有符号的 UNO 类型还是无符号的 UNO 类型必须从环境推算。
- UNO 类型 string、type、any 和 UNO 序列、枚举、结构和接口类型（全部映射成 Java 引用类型）的值用其标准的 Java 映射来表示。
- UNO 类型 void 和 UNO 异常类型不能用作实例化多态结构类型的类型参数。

这与如何使用 java.lang.Object 表示 UNO any 类型的值类似。这里区别之处只有 com.sun.star.uno.Any，它可以用来消除不同的 UNO 类型映射成 java.lang.Object 的同一个子类的情况。相反，在此，它必须始终是从给定的 Java 引用表示的 UNO 类型的环境中推算。

对于默认构造的多态结构类型实例的参数成员，Java 1.5 中所提到的问题和缺陷也适用于 Java 旧版本。

3．异常类型的映射

UNO 异常类型被映射成同名的公共 Java 类。只有对这种类的非空引用才是有效的。有两个 UNO 异常是其他所有异常的基异常。它们是 com.sun.star.uno.Exception 和 com.sun.star.uno.RuntimeException，其他所有异常都是从它们继承的。Java 中的相应异常继承 Java 异常：

```
module com { module sun { module star { module uno {
exception Exception {
    string Message;
    XInterface Context;
};
exception RuntimeException {
    string Message;
    XInterface Context;
};
}; }; }; };
Java 中的 com.sun.star.uno.Exception：
package com.sun.star.uno;
public class Exception extends java.lang.Exception {
    public Object Context;
    public Exception() {}
    public Exception(String Message) {
        super(Message);
    }
    public Exception(String Message, Object Context) {
        super(Message);
        this.Context = Context;
    }
}
```

Java 中的 com.sun.star.uno.RuntimeException：

```
package com.sun.star.uno;
public class RuntimeException extends java.lang.RuntimeException {
    public Object Context;
    public RuntimeException() {}
    public RuntimeException(String Message) {
        super(Message);
    }
    public RuntimeException(String Message, Object Context) {
        super(Message);
        this.Context = Context;
    }
}
```

如示例所示，Message 成员不存在相应的 Java 类。而是使用构造函数参数 Message 来初始化 Java 异常的基类。可通过继承的 getMessage()方法访问 Message。UNO 异常类型的其他所有成员都被 121 映射成同名称、相应 Java 类型的公共字段。生成的 Java 异常类通常具有一个用默认值初始化所有成员的默认构造函数，以及一个获取所有成员值的构造函数。如果一个异常继承另一个异常，则生成的类是被继承异常的类的子类。

4. 接口类型的映射

UNO 接口类型被映射成一个同名的公共 Java 接口。与表示 UNO 序列、枚举、结构和异常类型的 Java 类不同，空引用对表示 UNO 接口类型的 Java 接口实际上是合法值，即 Java 空引用表示 UNO 空引用。

如果一个 UNO 接口类型继承一个或多个其他接口类型，则 Java 接口是对应的 Java 接口的子接口。UNO 接口类型 com.sun.star.uno.XInterface 很特殊：只有当该类型用作另一个接口类型的基类型时，它才被映射成 Java 类型 com.sun.star.uno.XInterface。在其他所有情况下（用作序列类型的组件类型、结构或异常类型的成员或者接口方法的参数或返回类型时），它都被映射成 java.lang.Object。然而，该类型的有效 Java 值只是 Java 空引用和对实现 com.sun.star.uno.XInterface 的 java.lang.Object 这些实例的引用。

如下形式的 UNO 接口属性：

```
[attribute] Type Name {
    get raises (ExceptionG1, ..., ExceptionGM);
    set raises (ExceptionS1, ..., ExceptionSM);
};
```

用两种 Java 接口方法表示：

Type getName() throws ExceptionG1, ..., ExceptionGM;

void setName(Type value) throws ExceptionS1, ..., ExceptionSM;

如果属性被标记为 readonly，则没有设置方法。属性是否被标记为 bound 对生成的 Java 方法的签名没有影响。

如下形式的 UNO 接口方法：

Type0 name([in] Type1 arg1, [out] Type2 arg2, [inout] Type3 arg3) raises (Exception1, ..., ExceptionN);

用 Java 接口方法表示：

Type0 name(Type1 arg1, Type2[] arg2, Type3[] arg3) throws Exception1, ..., ExceptionN;

UNO 方法是否被标记为 oneway 对生成 Java 方法的签名没有影响。可以看出，out 和 inout 参数要特殊处理。为了便于解释，以 UNOIDL 定义为例。

```
struct FooStruct {
    long nval;
    string strval;
};
interface XFoo {
    string funcOne([in] string value);
    FooStruct funcTwo([inout] FooStruct value);
    sequence<byte> funcThree([out] sequence<byte> value);
};
```

UNO 方法调用的语义是将任意 in 或 inout 参数的值从调用程序传递到被调用程序，如果方法没有标记为 oneway 并且执行成功终止，被调用程序将向调用程序传递回返回值和任意 out 或 inout 参数的值。因此，in 参数和返回值的处理很自然地映射成 Java 方法调用的语义。但是，UNO out 和 inout 参数则被映射成对应的 Java 类型的数组。每个这样的数组都必须至少有一个元素（即其长度至少必须为 1；实际上，其长度没有必要更大。）因此，与 UNO 接口 XFoo 对应的 Java 接口如下：

```
public interface XFoo extends com.sun.star.uno.XInterface {
    String funcOne(String value);
    FooStruct funcTwo(FooStruct[] value);
byte[] funcThree(byte[][] value);
}
```

下面说明如何将 FooStruct 映射到 Java：

```
public class FooStruct {
    public int nval;
    public String strval;
    public FooStruct() {
        strval="";
    }
    public FooStruct(int nval, String strval) {
        this.nval = nval;
        this.strval = strval;
    }
}
```

将一个值作为 inout 参数提供时，调用程序必须将输入值写到数组的索引 0 对应的元素中。当函数返回成功时，索引 0 对应的值反映输出值，该值可以是未修改的输入值、输入值的已修改副本或一个全新的值。对象 obj 实现 XFoo：

```
// calling the interface in Java
obj.funcOne(null);                          // error, String value is null
obj.funcOne("");                            // OK
```

```
FooStruct[] inoutstruct= new FooStruct[1];
obj.funcTwo(inoutstruct);                      // error, inoutstruct[0] is null
inoutstruct[0]= new FooStruct();               // now we initialize inoutstruct[0]
obj.funcTwo(inoutstruct);                      // OK
```

当方法接受作为 out 参数的一个自变量时，必须提供一个值，而且必须放在数组的索引 null 处。

```
// method implementations of interface XFoo
public String funcOne(/*in*/ String value) {
  assert value != null;                        // otherwise, it is a bug of the caller
  return null;                                 // error; instead use: return "";
}
public FooStruct funcTwo(/*inout*/ FooStruct[] value) {
  assert value != null && value.length >= 1 && value[0] != null;
  value[0] = null;                             // error; instead use: value[0] = new FooStruct();
  return null;                                 // error; instead use: return new FooStruct();
}
public byte[] funcThree(/*out*/ byte[][] value) {
  assert value != null && value.length >= 1;
  value[0] = null;                             // error; instead use: value[0] = new byte[0];
  return null;                                 // error; instead use: return new byte[0];
}
```

5. UNOIDL 类型定义的映射

UNOIDL 类型定义在 Java 语言绑定中不可见。从 UNOIDL 映射到 Java 时，出现的每个类型定义都用别名类型替换。

6. 个别 UNOIDL 常数的映射

个别 UNOIDL 常数：

```
module example {
    const long USERFLAG = 1;
};
```

被映射成同名的公共 Java 接口：

```
123package example;
public interface USERFLAG {
    int value = 1;
}
```

请注意，个别常数已不再使用。

7. UNOIDL 常数组的映射

UNOIDL 常数组：

```
module example {
    constants User {
        const long FLAG1 = 1;
        const long FLAG2 = 2;
        const long FLAG3 = 3;
```

```
    };
};
```

被映射成同名的公共 Java 接口：

```
package example;
public interface User {
    int FLAG1 = 1;
    int FLAG2 = 2;
    int FLAG3 = 3;
}
```

该组中定义的每个常数都被映射成相同同名称、对应类型和值的接口字段。

8. UNOIDL 模块的映射

UNOIDL 模块被映射成同名的 Java 软件包。实际上，每个名为 UNO 和 UNOIDL 的实体都被映射成同名的 Java 类。（UNOIDL 将“::”用在“com::sun::star::uno”中来分隔名称内的单独标识符，而 UNO 本身和 Java 则将“.”用在“com.sun.star.uno”中；因此，必须先以明显的方法转换 UNOIDL 实体的名称，然后才能在 Java 中用作名称）。未包括在任何模块中的 UNO 和 UNOIDL 实体（即其名称分别不包含任何“.”或“::”）在未命名软件包中被映射成 Java 类。

9. 服务的映射

新式服务被映射成同名的公共 Java 类。该类有一个或多个公共静态方法，这些方法与服务的显式或隐式构造函数相对应。

对于具有给定接口类型 XIfc 的新式服务，以下形式的显式构造函数

name([in] Type1 arg1, [in] Type2 arg2) raises (Exception1, ..., ExceptionN);

用以下 Java 方法表示：

public static XIfc name(com.sun.star.uno.XComponentContext context, Type1 arg1, Type2 arg2)
    throws Exception1, ..., ExceptionN { ... }

UNO rest 参数 (any...)在 Java 1.5 中被映射成 Java rest 参数 (java.lang.Object...)，在 Java 的旧版本中被映射成 java.lang.Object[]。

如果新式服务有隐式构造函数，则对应的 Java 方法的形式为 public static XIfc create(com.sun.star.uno.XComponentContext context) { ... }

Java 中显式和隐式服务构造函数的语义如下：

- 服务构造函数的第一个参数始终为 com.sun.star.uno.XComponentContext，且不得为空。其他所有参数都用于初始化创建的服务（见下文）。
- 服务构造函数首先使用 com.sun.star.uno.XComponentContext:getServiceManager 从给定的组件上下文获取服务管理器（com.sun.star.lang.XMultiComponentFactory）。然后，服务构造函数使用 com.sun.star.lang.XMultiComponentFactory:createInstance-WithArguments AndContext 创建能够向它传递参数列表（无初始的 XComponentContext）的服务实例。如果服务构造函数有单个 rest 参数，则可以直接使用 any 值的序列，否则，给定的参数将列入 any 值的序列中。如果是隐式服务构造函数，则不传递参数，而是使用 com.sun.star.lang.XmultiComponent Factory:createInstanceWithContext。

如果以上任何步骤因服务构造函数可能抛出（根据其异常规范）的异常而失败，则服务构造函

数也会抛出该异常并以失败告终。否则，如果以上任何步骤因不可能由服务构造函数抛出的异常而失败，则服务构造函数会抛出 com.sun.star.uno.DeploymentException 并以失败告终。最后，如果没有创建任何服务实例（由于给定的组件上下文无服务管理器，或者由于服务管理器不支持请求的服务），则服务构造函数会抛出 com.sun.star.uno.DeploymentException 并以失败告终。实际结果是服务构造函数或者返回所请求服务的非空实例，或者抛出异常；服务构造函数决不会返回空实例。

没有将旧式服务映射成 Java 语言绑定。

10. singleton 的映射

以下形式的新式 singleton：

singleton Name: XIfc;

被映射成同名的公共 Java 类。该类有单一方法：

public static XIfc get(com.sun.star.uno.XComponentContext context) { ... }

在 Java 中，这种 singleton getter 方法的语义如下：

- com.sun.star.uno.XComponentContext 参数不得为空。
- singleton getter 使用 com.sun.star.uno.XComponentContext:getValueByName 获取 singleton 实例（在"/singletons/"命名空间内）。
- 如果未获取 singleton 实例，则 singleton getter 会抛出 com.sun.star.uno.Deployment Exception 并以失败告终。实际结果是 singleton getter 或者返回所请求服务的 singleton 非空实例，或者抛出异常；singleton getter 决不会返回空实例。

没有将旧式 singleton 映射成 Java 语言绑定。

11. UNO 值语义的不精确近似值

在 Java 中，一些 UNO 类型通常被视为映射成引用类型的值类型。名义上，它们是 UNO 类型 string、type、any 及 UNO 序列、枚举、结构和异常类型。问题在于如果将这种类型（Java 对象）的值用作：

- 存储在 any 中的值。
- 序列组件的值。
- 结构或异常成员的值。
- 接口属性的值。
- 接口方法调用中的参数或返回值。
- 服务构造函数调用中的参数。
- 出现的异常。

则 Java 不会创建该对象的克隆，而是通过对它的多重引用共享对象。现在，如果通过任何一个引用来修改对象，则其他所有引用也可以查看所做的修改。这样就违背了计划的值语义。

在 Java 语言绑定中所选的解决方案禁止对任何 Java 对象进行修改，这些对象用来在上面列出的任何情况下表示 UNO 值。请注意，对于表示 UNO 类型 string 或 UNO 枚举类型值的 Java 对象，一般都能保证这一点，因为对应的 Java 类型不变。如果 Java 类 com.sun.star.Type 为 final，这同样适用于 UNO 类型 type。

从此处使用的意义上来说，修改 Java 对象 A 包括修改其他任何满足以下条件的 Java 对象 B，① B 通过一个或多个引用可以到达 A，② B 可用来在上面列出的任何情况下表示 UNO 值。对于表示 UNO any 值的 Java 对象，不对其进行修改的限制仅适用于类型 com.sun.star.uno.Any（实际上应不变）的包装对象，或者仅适用于表示类型 string 或 type，以及序列、枚举、结构或异常类型的 UNO 值的未包装对象。

请注意，用于将某些具体的 UNO 值表示为 any 值或实例化多态结构类型的参数成员的类型 java.lang.Boolean、java.lang.Byte、java.lang.Short、java.lang.Integer、java.lang.Long、java.lang.Float、java.lang.Double 和 java.lang.Character 始终不变，因此，在此无需进行特殊考虑。

4.7.2 C++ 语言绑定

本节介绍 UNO C++ 语言绑定。它为有经验的 C++程序员提供使用 UNO 的最初步骤：建立与远程 RedOffice 的 UNO 进程间连接以及使用远程 RedOffice 的 UNO 对象。

- 程序库概述

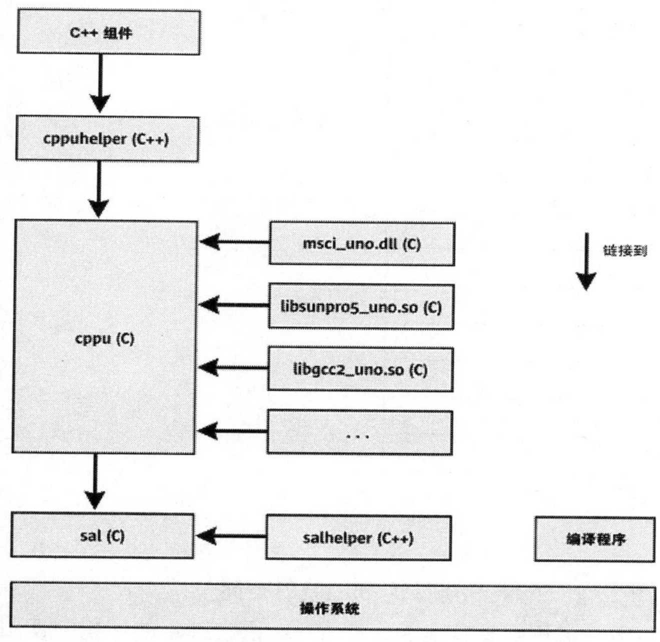

图 15：C++ UNO 的共享库

可以在安装 RedOffice 的<officedir>/program 文件夹中找到这些共享库。上图中的标签 (C) 表示 C 链接，而(C++) 表示 C++ 链接。所有程序库都需要一个 C++ 编译器来进行编译。

所有 UNO 程序库的基础是 sal 程序库。sal 程序库包含系统抽象层（sal）和附加的运行时库功能，但不包含任何 UNO 特有的信息。可以通过 C++ 内联包装类访问 sal 程序库中的常用 C 函数。这样，就可以从任何其他编程语言调用函数，因为多数编程语言都具有某种调用 C 函数的机制。

salhelper 程序库是一个小型 C++程序库，提供无法通过内联方式实现的附加运行时库功能。cppu（C++ UNO）程序库是核心 UNO 程序库。它提供访问 UNO 类型库的方法，并允许以普通方式建立、复制和比较 UNO 数据类型的值。另外，还在此库中管理所有 UNO 桥（=映射+环境）。

示例 msci_uno.dll、libsunpro5_uno.so 和 libgcc2_uno.so 只是某些 C++ 编译器语言绑定库的示例。cppuhelper 程序库是一个 C++程序库，包含 UNO 对象的重要基类以及用于引导 UNO 核心的函数。C++组件和 UNO 程序必须链接 cppuhelper 程序库。

在 UNO 的所有未来版本中，将保持与上面显示的所有程序库的兼容。您将能够一次构建并链接应用程序和组件，并能够使用 RedOffice 的当前和以后版本进行运行。

4.8 类型映射

1. 简单类型的映射

下表所示为 UNO 简单类型对应的 C++类型映射。

UNO	C++
void	void
boolean	sal_Bool
byte	sal_Int8
short	sal_Int16
unsigned short	sal_uInt16
long	sal_Int32
unsigned long	sal_uInt32
hyper	sal_Int64
unsigned hyper	sal_uInt64
float	float
double	double
char	sal_Unicoed
string	rt1::OUString
type	com::sum::star::uno::Type
any	com::sun::star::uno::Any

图 18

2. 字符串的映射

除以下两个细节以外，UNO 的 string 类型和 rtl::OUString 之间的映射很简单：

- 可以用 rtl::OUString 对象表示的字符串长度是有限的。在 C++ 语言绑定的环境中使用 UNO 的较长的 string 值是错误的。
- rtl::OUString 类型的对象可以表示 UTF-16 代码单元的任意序列，而 UNO 的 string 类型值是 Unicode 标量值的任意序列。目前为止，只有当某些个别的 UTF-16 代码单元（名义上是范围为 D800-DFFF 的高低替代码点）没有对应的 Unicode 标量值，并因此在 UNO 的环境中被禁止，这才会有影响。

3. 类型的映射

UNO 类型 type 被映射成 com::sun::star::uno::Type。它包含类型的名称和 com.sun.star.uno.TypeClass。该类型使您可以获取包含 IDL 中定义的所有信息的 com::sun::star::uno::TypeDescription。对于某个给定的类型，对应的 com::sun::star::Type 对象可以使用重载的 getCppuType ()函数来获取，而对于接口类型，则使用 static_type()函数来获取：

```
// get the type of sal_Int32
com::sun::star::uno::Type intType = getCppuType(static_cast< sal_Int32 * >(0));
```

```
// get the type of a string
com::sun::star::uno::Type stringType = getCppuType(static_cast< rtl::OUString * >(0));
// get the type of the XEnumeration interface
Type xenumerationType1 = getCppuType(
    static_cast< com::sun::star::uno::Reference< com::sun::star::container::XEnumeration > * >(0));
Type xenumerationType2 = com::sun::star::container::XEnumeration::static_type();
```

以上代码在编写模板函数时非常有用。有些 getCppuType()函数不太明确。下面是一些专用函数：

getVoidCppuType()、getBooleanCppuType()、getCharCppuType()，以处理不明确的函数。这些函数是以内联方式实现的，并且由类型库中生成的头文件引入。

4. 任意类型的映射

IDL any 被映射成 com::sun::star::uno::Any。它包含一个任意 UNO 类型的实例。UNO 类型只能存储在 any 中，因为处理 any 时需要来自类型库的数据。

默认构造的 Any 包含 void 类型且不包含值。您可以使用运算符 <<=将值指定到 Any，并可以使用运算符 >>= 获取值。

5. 结构类型的映射

普通的 UNO 结构类型被映射成一个同名的公共 C++类。UNO 结构类型的每个成员都被映射成相同名称、对应类型的公共数据成员。C++结构提供一个用默认值初始化所有成员的默认构造函数，以及一个获取所有成员确切值的构造函数。如果一个普通结构类型继承另一个结构类型，则生成的 C++结构是与被继承的 UNO 结构类型对应的 C++结构的子结构。

带有一系列类型参数的 UNO 多态结构类型模板被映射成带有对应系列类型参数的 C++结构模板。

例如，与 com.sun.star.beans.Optional 对应的 C++模板如下：

```
template< typename T > struct Optional {
    sal_Bool IsPresent;
    T Value;
    Optional(): IsPresent(sal_False), Value() {}
    Optional(sal_Bool theIsPresent, T const & theValue): IsPresent(theIsPresent), Value(theValue) {}
};
```

从上面的示例中可以看出，默认构造函数使用默认初始化为任何参数数据成员提供值。

6. 接口类型的映射

UNO 接口类型的值（为空引用或对给定接口类型对象实现的引用）被映射成模板类：

template< class t >

com::sun::star::uno::Reference< t >

模板用于获取类型安全接口引用，因为只可以将正确键入的接口指针指定到该引用。

7. 服务的映射

新式服务被映射成同名的 C++类。该类有一个或多个公共静态成员函数，这些函数与服务的显式或隐式构造函数相对应。

对于具有给定接口类型 XIfc 的新式服务，以下形式的显式构造函数 name([in] Type1 arg1, [in] Type2 arg2) raises (Exception1, ..., ExceptionN);

通过如下的 C++ 成员函数表示：

```
public:
static com::sun::star::uno::Reference< XIfc > name(
    com::sun::star::uno::Reference< com::sun::star::uno::XComponentContext > const & context,
    Type1 arg1, Type2 arg2)
    throw (Exception1, ..., ExceptionN, com::sun::star::uno::RuntimeException) { ... }
```

4.9 脚本连接

1. UNO 和 Basic 类型的映射

Basic 和 UNO 使用不同的类型系统。尽管 RedOffice Basic 与 Visual Basic 及其类型系统兼容，UNO 类型对应于 IDL 规范，因此有必要映射这两种类型系统。本章介绍不同 UNO 类型必须使用的 Basic 类型。

2. 简单类型映射

一般来说，RedOffice Basic 类型系统并不严格。与 C++和 Java 不同，RedOffice Basic 不要求声明变量，除非使用了强制进行声明的 Option Explicit 命令。要声明变量，使用的是 Dim 命令。此外，还可以通过 Dim 命令有选择地指定 RedOffice Basic 类型。一般语法是：

Dim VarName [As Type][, VarName [As Type]]...

在未指定类型的情况下，声明的所有变量都为 Variant 类型。可以将任意 Basic 类型的值指定给类型为 Variant 的变量。未声明的变量为 Variant，除非将类型后缀与其名称一起使用。后缀也可以在 Dim 命令中使用。下表包含 Basic 所支持的类型及其相应后缀的一个完整列表：

类型	后缀	范围
Boolean		True
Integer	%	-32768
Long	&	-2147483648
Single	!	浮点数 负数：-3.402823E38 到-1.401298E-45 正数：1.401298E-45
Double	#	双精度浮点数 负数：-1.79769313486232E308 到-4.94065645841247E-324 正数：4.940656458412474E-324
Currency	@	带有四位小数的固定点数 -922，337，203，685，477.5808 到 922，337，203，685，477.5807
Date		01/01/100
Object		Basic 对象
String	$	字符串
Variant		任意 Basic 类型

图 19

下面的关系表用于将 UNO 中的类型映射成 Basic 中的类型，反过来也可以。

UNO	Basic
void	内部类型
boolean	Boolean
byte	Integer
short	Integer
unsigned short	内部类型
long	Long
unsigned long	内部类型
hyper	内部类型
unsigned hyper	内部类型
float	Single
double	Double
char	内部类型
string	String
type	com.sun.star.reflection.XIdlClass
any	Variant

图 20

3. 映射

可以通过 Dim As New 命令将 UNO 结构类型实例化为单个实例和数组。

4. 枚举和常数组映射

使用符合命名规则的名称对枚举类型的值进行寻址。以下示例假定 oExample 和 oExample2 支持 com.sun.star.beans.XPropertySet，并包含一个枚举类型为 com.sun.star.beans.PropertyState 的属性 Status。

5 嵌入控件的安装、部署和开发过程

5.1 RedOffice 应用模式

RedOffice 是基于 UNO 组件模型技术开发的，因此，开发人员充分利用组件跨平台和跨浏览器的特性，将控件、插件以及组件结合起来形成立体性的开发平台。在这个开发平台上，主要将完成插件控件启动 RedOffice 并通过统一接口实现对各个功能组件的调用，从而使其他应用系统的开发厂商可以更简单快捷地使用 RedOffice SDK。

在 IE 浏览器下，具体过程分两步，介绍如下：

（1）控件启动并嵌入 RedOffice 功能。通过 CLSID 创建 RedOffice 进程，并创建一个 Windows 的窗口，然后再创建 RedOffic 窗口，最后将创建好的 RedOffice 窗口嵌入到 Windows 的窗口中，如图 1 所示。

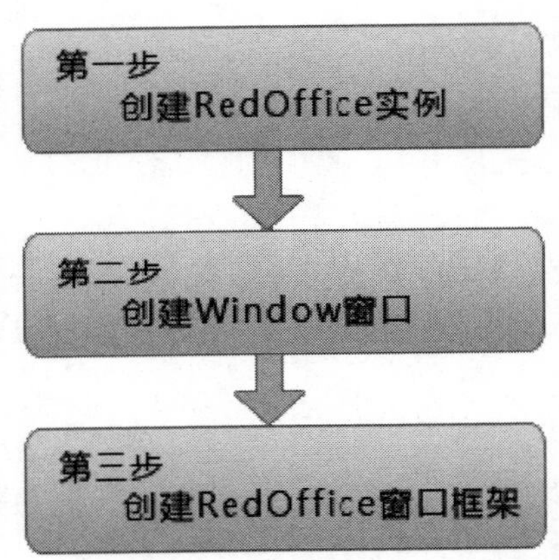

图 1：控件启动 RedOffice 实例并嵌入 Windows 窗口

（2）控件调用组件的函数接口。在此，开发人员设计了两个统一的控件接口，使用户可以通过这两个接口实现对所有功能组件的调用。这两个接口如下：

1）BSTR ROInvoke(BSTR "组件接口", BSTR parameter)

功能：该接口只标识方法调用的成功与失败，当所需调用的组件接口返回值为空时，使用该控件接口实现对组件接口的调用。

2）BSTR ROInvokeEx(BSTR "组件接口", BSTR parameter)

功能：该接口可返回特定参数串。当所需调用的组件接口返回值不为空时，使用该控件接口实现对组件接口的调用。

这两个接口均只有两个输入参数，第一个参数为组件接口名称，第二个参数为组件接口的参数，它是一个 xml 形式的字符串。

如 5.2.1 节中提出的因 RedOffice 版本的不同而应用的 RedOffice SDK 版本不同的问题，这并不影响上述两个控件接口对所有功能组件接口的调用：因为 RedOffice SDK 的不同版本中，组件接口的名称及参数均是一样的。因此，用户仍可通过这两个控件接口，按照本手册中的调用方式来实现对所有功能组件接口的调用。

接口的设计也是 RedOffice SDK 较于以前版本的一个很大的不同之处。如此一来，用户对于接口调用即是一种直观的感觉，仅需要向这两个接口传两个参数，即需要调用的组件接口名称和接口参数，就能实现对一个功能组件的调用。用户从此无需查询相关服务包名称、指定参数类型、调用组件等麻烦步骤，从而更容易接受这种调用方式，同时也方便组件的扩展。

5.2 RedOffice SDK 配置、安装及使用

5.2.1 运行环境

（1）可运行平台。

主要应用于：Windows、Linux、Mac 等平台。

（2）浏览器支持。

应用于：IE 6.0/7.0、Fireforx 等。

（3）RedOffice 版本要求。

可应用于 RedOffice 4.5 中的任意版本，同时可应用于 RedOffice 4.0 的专业版中。需要指出的是，不同的 RedOffice 版本对应了不同的 RedOffice SDK 包，因此用户在使用过程中，应根据自身使用的 RedOffice 版本来使用相应的 RedOffice SDK 包，并添加该 SDK 包中的各功能组件包。

5.2.2 应用平台的配置

（1）Windows 客户端配置。如果用户是初次安装 RedOffice，则下面的步骤 1）和 2）可以跳过，直接从步骤 3）开始设置就可以了；如果用户已经使用 RedOffice 有一段时间，且安装过某些扩展包，为了避免已有的扩展包对 SDK 组件包造成不必要的影响，请按照下面描述的步骤逐步进行操作，安装完成 SDK 之后再把自己需要的扩展包重新安装一遍即可。

1）关闭系统中正在运行的所有 RedOffice 进程。

2）删除系统中 RedOffice 的 pkg 临时文件，具体方法：

① 删除 C:\Documents and Settings\Administrator\ApplicationData\RedOffice4\user\uno_packages\

cache\uno_packages 目录下所有文件。（以 Administrator 用户和 RedOffice4.0 为例）

② 删除 RedOffice 安装目录下的...\share\uno_packages\cache\uno_packages 里面的所有文件。

注意

上面的方法仅适用于 RedOffice 4.0，由于 RedOffice 4.5 中集成了几个必要的扩展包，如果按照上面描述进行操作会造成这些扩展包的丢失，从而导致 RedOffice 4.5 某些功能不能使用。所以 RedOffice 4.5 删除 pkg 临时文件需要用户在执行步骤②的时候仅删除与 SDK 扩展包名称相同的包，其他包则必须保留。

3）设置 IE 选项。具体方法：IE 浏览器→工具→Internet 选项→高级，在“高级”选项卡的设置中勾选“允许活动内容在我的计算机上的文件中运行”，如图 2 所示。

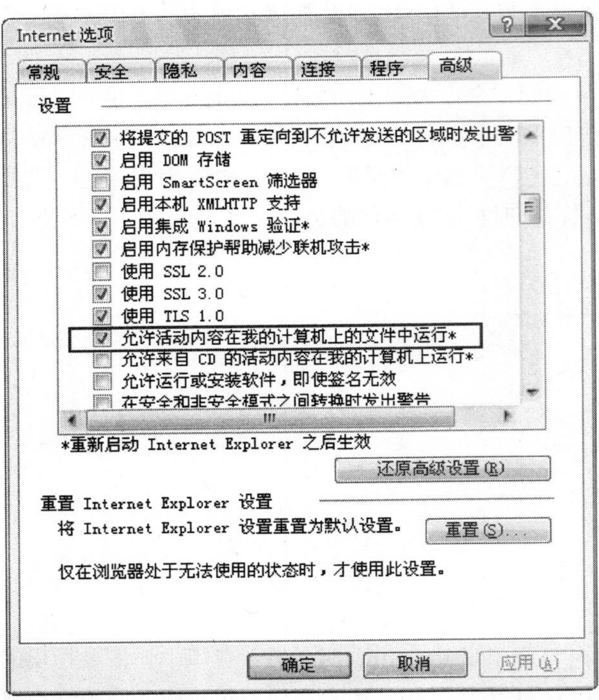

图 2：IE 安全设置

4）如需使用 Firefox 浏览器，还需添加系统环境变量。

具体方法：鼠标右击“我的电脑”→属性→高级→环境变量，在“系统变量”中的 path 变量中（如没有 path 变量则需添加），增加路径变量值（点击“编辑”进行添加），如含多个变量值，则中间用分号（;）分隔，如图 3 所示。

如果系统安装的是 RedOffice4.0，则添加 RedOffice 4.0 安装路径（具体到\program 目录），如“D:\Program Files\RedOffice 4.0\program”。

如果系统安装的是 RedOffice 4.5，首先添加 RedOffice 4.5 安装路径（具体到\program 目录），如“D:\Program Files\RedOffice4.5\program”，然后添加 RedOffice URE 路径（具体到\bin 目录），如“D:\Program Files\RedOffice4.5\URE\bin”。

5）运行 RO_SDK_2009_setup.exe 程序进行安装，具体方法：

图 3：环境变量设置

① 双击 RO_SDK_2009_setup.exe，运行安装程序。

② 按照安装程序提示，单击“下一步”按钮，安装 RO_SDK_2009。

③ 安装组件包，输入 RedOffice 安装目录，如“D:\Program Files\RedOffice 4.0”，如图 4 所示。

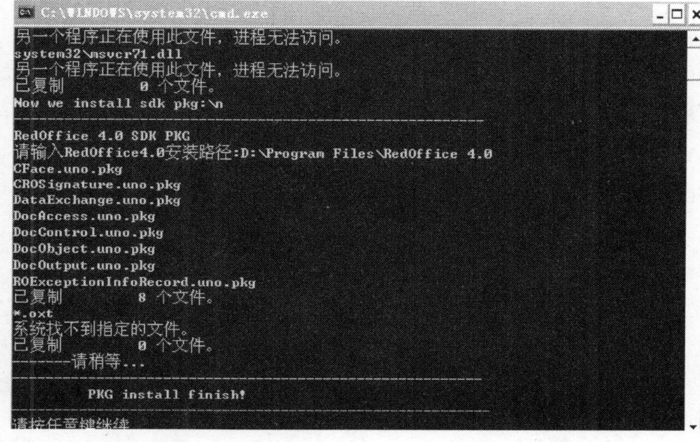

图 4：安装界面 1

④ 如果安装了 Firefox 浏览器，输入 Firefox 安装目录，如“C:\Program Files\Mozilla Firefox”，如图 5 所示。

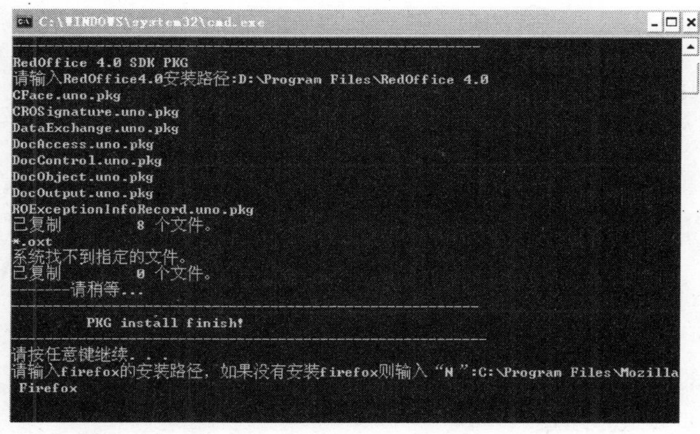

图 5：安装界面 2

⑤ 安装完成，按任意键退出 cmd.exe 程序。

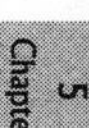

注意

此安装包将自动注册 IE 控件和 RedOffice 组件，不再需用户自己注册 ro_activex.dll 文件和相关组件。

6）如需使用远程文档操作功能，则需配置远程环境，具体配置步骤如下：

① 安装 tomcat。

② 将 RO_SDK 安装目录下的 CH2KOA 文件夹和 tomcat 保存在同一目录下。

③ 添加环境变量：JAVA_HOME（jdk 安装目录）。

④ 将 server.xml 文件中关于"ch2koa"的<context.../context>字段复制加入/tomcat/conf/server.xml 文件中，注意修改"ch2koa"所在的路径。

注意

cha2koafaWenFileUpload.jsp 是上传远程文档时的实例，向远程服务器上传文档时序通过此文件上传，是上传文档时的重要文件，不能删除。

被上传的文档将被保存在 cha2koa/upload 目录下。

⑤ 建议将 CH2KOA 放在 C 盘根目录下，否则需要修改 CH2KOA/includes/localsetting.jsp 文件的 sLocalDir 变量的值，使之与 CH2KOA 实际目录一致。

⑥ 修改/tomcat/conf/server.xml 文件配置，添加 URIEncoding="utf-8"字段，以便远程访问含中文文件名的文件，如下文：

```
<Connector port="8080"
  URIEncoding="utf-8"
  maxHttpHeaderSize="8192"
      maxThreads="150"
  minSpareThreads="25"
      maxSpareThreads="75"
      enableLookups="false"
  redirectPort="8443"
  acceptCount="100"
      connectionTimeout="20000"
  disableUploadTimeout="true" />
```

7）Vista 系统下安装 SDK 的特殊设置：

① 关闭用户账户中的 UAC 控制，具体步骤为：打开控制面板，点击“用户账户”，找到当前系统登录账户并进行管理，用鼠标点击“打开或关闭用户账户控制”，在打开的页面中取消“使用用户账户控制（UAC）帮助保护您的计算机”前面的选择即可。

② 进入 system32 目录，找到 msvcr90.dll 和 msvcp90.dll，分别复制一份，之后重命名为 msvcr80.dll 和 msvcp80.dll。

③ 进入 RedOffice 安装目录下的 program 目录，找到 stlport_vc7145.dll，复制一份并重命名为 stlport_vc845.dll。

④ 完成上述设置之后再进行 SDK 的安装工作。

（2）Linux 客户端配置。请按以下步骤进行配置：

1）在 Linux 客户端，安装 RedOffice。

2）用 tar 命令解压 RO_SDK_2009_setup.tar.gz 安装包：

tar　-zxvf　RO_SDK_2009_setup.tar.gz　/解压目录

3）在解压后的目录中运行 sdk.sh，按照提示输入相关信息，自动进行安装。

sudo sh sdk.sh

4）如果安装过程中出现 pkg 安装错误，说明此版本的 RedOffice 中已经包含了和 SDK 组件包重名的扩展组件包，需要先进行清除，清除步骤如下（以 RedOffice 4.0 为例）：

① 删除 root 目录下的临时目录：sudo rm -rf .redoffice4.0/

② 删除 RedOffice 安装目录（opt/redoffice 4.0）下的...\share\uno_packages\cache\uno_packages 里面的所有文件。

5）修改环境变量。

① 修改 /etc/profile 文件：# vim /etc/profile

② 设置变量：export LD_LIBRARY_PATH =$RedOffice 安装目录/program

如果安装的是 RedOffice4.5，则需以下步骤：

- export UNO_PATH=$RedOffice 安装目录/program

export LD_LIBRARY_PATH=$RedOffice 安装目录/ure/lib/。

- 在$RedOffice 安装目录/ure/lib/unorc 文件中去掉不存在的 rdb 文件的路径。

③ 保存配置信息：按 Esc 键后，输入：x （退出并保存）

④ 启用新的环境变量：# source /etc/profile

执行 source /etc/profile 命令后，在当前终端窗口中直接启动 Firefox，打开测试网页即可。

注意

必须在执行 source /etc/profile 命令后，在当前终端窗口中直接启动 Firefox，否则需重新启用新的环境变量。

5.2.3　浏览器引用

（1）在 IE 浏览器上引用。

ActiveX 控件 ID（CLSID）：18F65904-794C-4577-AE51-95F47F111690

```
<OBJECT ID=RedOfficeCtrl SCOPE=PAGE NAME=RedOfficeCtrl CLASSID="CLSID:18F65904-794C-4577-AE51-95F47F111690" width=100% height=100% >
<PARAM NAME="src" VALUE="private:factory/swriter"></OBJECT>
<OBJECT ID=RedOfficeCtrl SCOPE=PAGE NAME=RedOfficeCtrl CLASSID="CLSID:18F65904-794C-4577-AE51-95F47F111690" width=100% height=100% >
<PARAM NAME="src" VALUE="private:factory/scalc"></OBJECT>
<OBJECT ID=RedOfficeCtrl SCOPE=PAGE NAME=RedOfficeCtrl CLASSID="CLSID:18F65904-794C-4577-AE51-95F47F111690" width=100% height=100% >
<PARAM NAME="src" VALUE="private:factory/simpress"></OBJECT>
```

参数说明：

src：源文档类属的模块。

（2）在 Firefox 浏览器上引用。

Plug-in 插件引用类型：application/redoffice

```
<OBJECT ID=RedOfficeCtrl SCOPE=PAGE width=100% height=100% src="private:factory/swriter"
```

type="application/redoffice" ></OBJECT>

<OBJECT ID=RedOfficeCtrl SCOPE=PAGE width=100% height=100% src="private:factory/scalc" type="application/redoffice" ></OBJECT>

<OBJECT ID=RedOfficeCtrl SCOPE=PAGE width=100% height=100% src="private:factory/simpress" type="application/redoffice" ></OBJECT>

参数说明：

src：源文档类属的模块。

5.2.4 组件包加载

在进行应用平台及浏览器的配置后，需要在 RedOffice 的包管理器中添加所需加载的组件包，从而能够使用组件包中的各个功能组件。具体操作步骤如下：

（1）新建或打开一个 RedOffice 文档，单击菜单“工具”→“包管理器”，打开“包管理器”对话框，如图 6 所示。

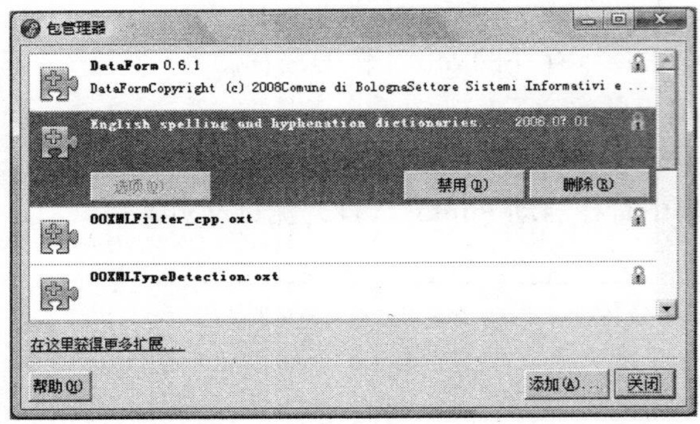

图 6：包管理器

（2）单击右上角的“添加”按钮，找到 RedOfficeSDK 包中不同应用平台所对应的组件包，并具体确认需要添加的组件包，如添加“界面控制组件包”，如图 7 所示。

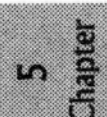

图 7：添加包

（3）单击“打开”按钮，系统自动加载所选组件包，当页面如图8显示所添加组件包的状态为“使用中”时，即表示该组件已注册成功并可用。

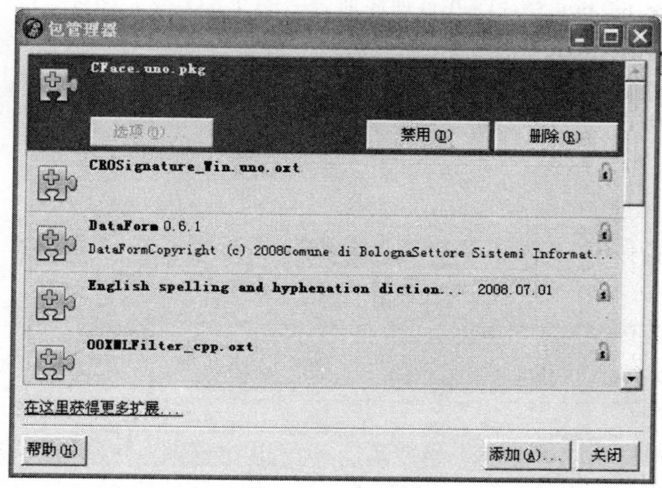

图8：组件包状态

此时，组件包中的功能组件已成功加载到包管理器中，可供用户进一步使用。

5.2.5 Windows系统下手工加载控件

（1）将控件另存至本地计算机上。

（2）单击“开始”→“运行”，在弹出的对话框中输入cmd，然后单击“确定”按钮，进入命令行终端。

进入另存本地ro_activex.dll 控件目录执行：

>regsvr32 ro_activex.dll

（3）如果已经注册过ro_active.dll 控件，在重新注册前需注销原有的信息：

>regsvr32 -u ro_activex.dll

5.2.6 插件的安装和配置

（1）系统环境设置。

1）Linux平台：

打开/etc/profile文件，在文件后面追加如下变量：

① RedOffice 4.0及低版本，导出redoffice的program路径，如：

export LD_LIBRARY_PATH=/opt/redoffice4.0/program/

② RedOffice 4.5版本，导出redoffice的lib路径与UNO_PATH变量，如：

export LD_LIBRARY_PATH=/opt/redoffice4.5/ure/lib/

export UNO_PATH=/opt/redoffice4.5/program/

修改后保存并重启系统。

2）Window平台：

在“系统属性－高级－环境变量－系统变量”中，增加如下变量：

① RedOffice 4.0 及低版本，增加 Redoffice 的 program 路径，如 D:\Program Files\RedOffice 4.0\program\。

② RedOffice4.5 版本，增加 Redoffice 的 bin 路径，并且使注册表中的 UNO 安装路径指向 Redoffice 的 program 路径，如 D:\Program Files\RedOffice 4.5\URE\bin

HKEY_LOCAL_MACHINE\SOFTWARE\OpenOffice.org\UNO\InstallPath=D:\Program Files\RedOffice 4.5\program

（2）插件说明。

1）npRedOffice.so(dll)是 Release 版插件库。

2）npRedOffice_d.so(dll)是 Debug 版插件库，它会在当前登录的用户路径（或 C:\）下生成名为"RedOfficePlugin.log"的插件运行日志。

3）将该库复制到基于 NPAPI 交互机制的浏览器的 plugins 路径下，然后在浏览器地址栏中输入"about:plugins"，若看到 RedOffice Plugin for Mozilla，则说明插件已安装成功。

（3）Linux 平台 RedOffice 4.5 嵌入说明。

在 Linux RedOffice 4.5 中，其 API 函数 bootstrap 与其资源文件 RedOffice 4.5 安装路径/ure/lib/unorc 中的某些参数信息不兼容，导致调用时出现异常，从而嵌入失败。解决方法如下：

打开 RedOffice 4.5 安装路径/ure/lib/unorc 文件，查看 UNO_TYPES 与 UNO_SERVICES 环境变量中的路径，对应本机将不存在的 rdb 文件路径删除。或者用安装包解压后/RO_SDK_2009/so 路径下的 unorc 文件替换之即可。

5.2.7 远程访问网页测试系统的 IE 浏览器设置

（1）添加可信站点：在 IE 浏览器 Internet 选项中选择“安全”选项卡，在“可信站点”设置中单击“站点”按钮，在弹出的对话框中添加可信站点，以 http://172.16.16.93 为例，如图 9 所示。

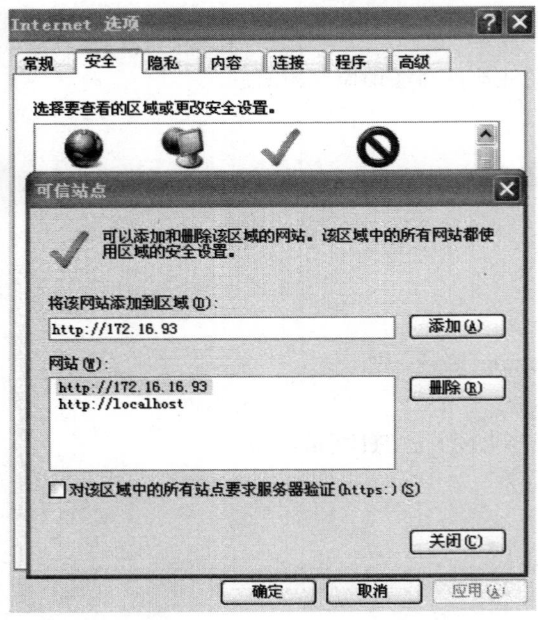

图 9：添加站点

（2）设置可信站点的安全级别。添加可信站点后，返回“Internet 选项”对话框，在可信站点设置中，将安全级别设置为“低”，如图 10 所示。

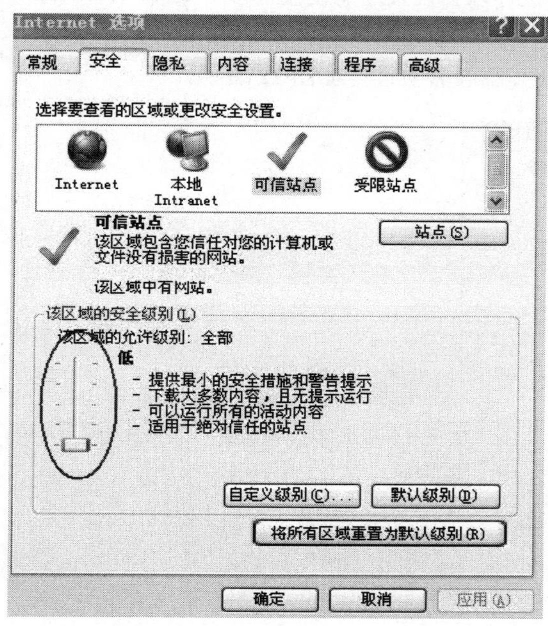

图 10：设置安全级别

（3）重启 IE 浏览器。

（4）查看可信站点的安全级别，如安全级别设置不成功，可先将可信站点的安全级别重置（如图 11 所示），再重新设置安全级别为“低”，设置重启 IE 浏览器。

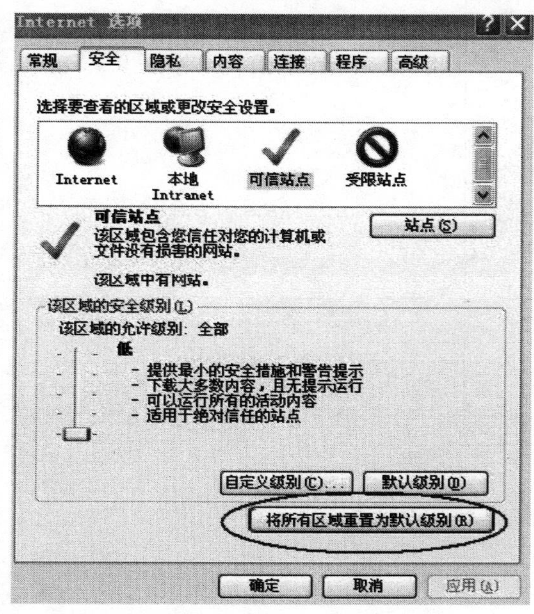

图 11：重设安全级别

5.2.8 对 Firefox 3.0 浏览器的设置

由于 Firefox 3.0 浏览器特殊的安全配置问题，需进行以下设置才能使载入本地文档或插入图片功能正常运行。

（1）在浏览器地址栏中输入 about:config 进入浏览器设置页面，如图 12 所示。

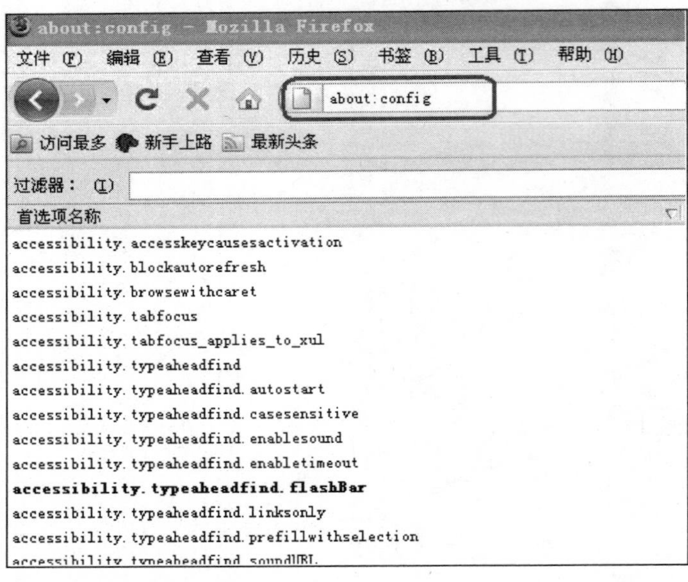

图 12：浏览器设置页面

（2）查找 signed.applets.codebase_principal_support 属性，将其置为 true，如图 13 所示。

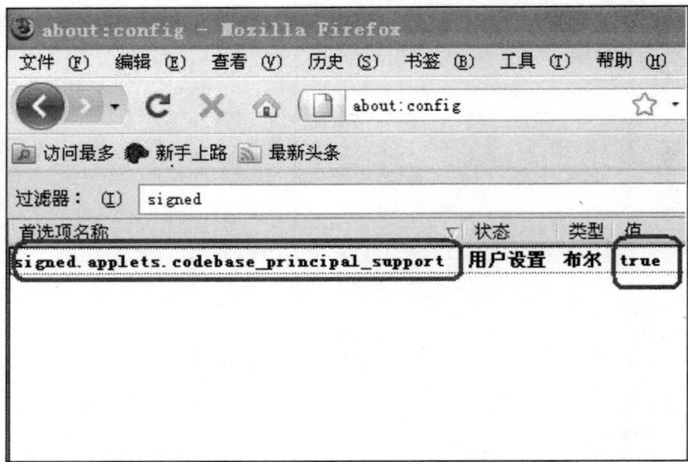

图 13：设置属性

6 开发接口参考

RedOffice SDK 工具包中一共包含了七大组件包，它们为用户在文档控制、界面控制、文档对象、数据交互、文档输出、文档安全、签名签章、应用扩展等方面提供了功能使用的多样性和易用性。现将详细介绍这七大功能组件包及其下属的各个功能组件。

需要注意的是，每个组件接口所能够被调用的控件接口是不一样的，这将在每个组件接口的"控件接口"部分体现。

6.1 文档控制

组件包名称为 RedOffice.ActiveX.DocControl。该组件包一共包括 15 个应用接口，主要功能是对文档进行载入、保存、修订、批注、打印设置、编码。

6.1.1 load

1. 功能描述

载入指定的文档到当前的窗口。

2. 组件接口

（1）接口原型：boolean load([in] string sLoadUrl)

（2）参数说明：

sLoadUrl：字符串类型，表示要载入文档的具体路径及文件名。

例如：http://192.168.0.1:80/test.sxw 载入远程文档（必须加上端口号）

file:///c:/test.sxw 载入本地文档

private:factory/swriter 新建一个文字处理的文档

private:factory/scalc 新建一个电子表格的文档

private:factory/simpress 新建一个演示文稿的文档

private:factory/sdraw 新建一个绘图的文档

注意事项：① 在指定的路径里包括文件名都不允许含有特殊字符，如@、#、$、%；② 文件的编码都设置为 UTF-8 格式。

（3）返回值：布尔型，接口调用成功返回 true，失败返回 false。

3．控件接口

BSTR ROInvokeEx(BSTR "load", BSTR parameter)

4．parameter 参数说明

```
<?xml version='1.0' encoding='UTF-8'?><Xml>
<Service>RedOffice.ActiveX.DocControl</Service>
<Function>
<ParaNumber>1</ParaNumber>
<members>
<member>
<name>sLoadUrl</name>
<type>string</type>
<value>...指定要载入的文档路径，url 格式...</value>
</member>
</members>
</Function>
</Xml>
```

6.1.2 loadEx

1．功能描述

以指定文档类型打开当前文档（文档类型通过“过滤器”名设定）。

2．组件接口

（1）接口原型：boolean loadEx([in] string sLoadUrl , [in] string sFilterName)

（2）参数说明：

sLoadUrl：字符串类型，表示要载入文档的具体路径及文件名。

sfilterName：字符串类型，表示要载入文档所需过滤器的名称。

（3）返回值：布尔型，接口调用成功返回 true，失败返回 false。

3．控件接口

BSTR ROInvokeEx(BSTR "loadEx", BSTR paramter)

4．paramter 参数说明

```
<?xml version='1.0' encoding='UTF-8'?><Xml>
<Service>RedOffice.ActiveX.DocControl</Service>
<Function>
<ParaNumber>2</ParaNumber>
<members>
<member>
<name>sLoadUrl</name>
<type>string</type>
<value>...指定要载入的文档路径，url 格式...</value>
```

```
</member>
<member>
<name>sFilterName</name>
<type>string</type>
<value>...加载文件的过滤器名...</value>
</member>
</members>
</Function>
</Xml>
```

5. 过滤器名描述

MS Word 97	MS-Word 格式.doc
Rich Text Format	RTF 格式.rtf
Text	普通纯文本格式.txt
HTML (StarWriter)	超文本格式.html
MS Excel 97	MS-Excell 格式.xls
RoUofSWFilter （或 UOF text）	UOF Writer 格式.uof
RoUofSDFilter（或 UOF presentation）	UOF Impress 格式.uop
RoUofSCFilter（或 UOF spreadsheet）	UOF Calc 格式.uos

6. 参数举例——文件路径

http://192.168.0.1:80/test.sxw 载入远程文档（必须加上端口号）

file:///c:/test.sxw 载入本地文档

private:factory/swriter 新建一个文字处理的文档

private:factory/scalc 新建一个电子表格的文档

private:factory/simpress 新建一个演示文稿的文档

private:factory/sdraw 新建一个绘图的文档

7. 注意事项

（1）如果过滤器的名称不是我们所给出的过滤器名，则不能打开。

（2）在指定的路径里包括文件名都不允许含有特殊字符，如@、#、$、%。

（3）文件的编码都设置为 UTF-8 格式。

6.1.3 save

1. 功能描述

保存当前文档到指定路径。

2. 组件接口

（1）接口原型：void save([in] string sSaveUrl)

（2）参数说明：

sSaveUrl：字符串型，文件所要被保存的路径及文件名。

（3）返回值：为空，没有返回值。

3. 控件接口

BSTR ROInvoke(BSTR"save", BSTR parameter)

4. parameter 参数说明

```
<?xml version='1.0' encoding='UTF-8'?><Xml>
<Service>RedOffice.ActiveX.DocControl</Service>
<Function>
<ParaNumber>1</ParaNumber>
<members>
<member>
<name>sSaveUrl</name>
<type>string</type>
<value>...指定的保存路径...</value>
</member>
</members>
</Function>
</Xml>
```

5. 参数举例——文件保存路径

file:///c:/localSaveFile.sxw 存储文件到本地

http://192.168.0.1:80/faWenFileUpload.jsp 存储到远程服务机器上必须要加到 faWenFileUpload.jsp，并且这个文件必须存放在远程服务器上

6.1.4 saveEx

1. 功能描述

另存当前文档。

2. 组件接口

（1）接口原型：void saveEx([in] string sSaveUrl, [in] string sFilterName)

（2）参数说明：

sSaveUrl：字符串型，文件被保存的路径及文件名。

sFilterName：字符串型，文件被保存类型所需要的过滤器名称。

（3）返回值：为空，没有返回值。

3. 控件接口

BSTR ROInvoke(BSTR "saveEx", BSTR parameter)

4. paramter 参数说明

```
<?xml version='1.0' encoding='UTF-8'?><Xml>
<Service>RedOffice.ActiveX.DocControl</Service>
<Function>
<ParaNumber>2</ParaNumber>
<members>
<member>
```

```
<name>sSaveUrl</name>
<type>string</type>
<value>...指定另存路径，url 格式...</value>
</member>
<member>
<name>sFilterName</name>
<type>string</type>
<value>...另存的过滤器名...</value>
</member>
</members>
</Function>
</Xml>
```

5. 过滤器名描述

MS Word 97	MS-Word 格式.doc
Rich Text Format	RTF 格式.rtf
Text	普通纯文本格式.txt
HTML (StarWriter)	超文本格式.html
MS Excel 97	MS-Excell 格式.xls
RoUofSWFilter （或 UOF text）	UOF Writer 格式.uof
RoUofSDFilter（或 UOF presentation）	UOF Impress 格式.uop
RoUofSCFilter（或 UOF spreadsheet）	UOF Calc 格式.uos

6.1.5 closeDoc

1. 功能描述

关闭当前窗口的文档。

2. 组件接口

（1）接口原型：void closeDoc()

（2）参数说明：无输入参数。

（3）返回值：为空，无返回值。

3. 控件接口

BSTR ROInvoke(BSTR "closeDoc", BSTR parameter)

4. parameter 参数说明

```
<?xml version='1.0' encoding='UTF-8'?><Xml>
<Service>RedOffice.ActiveX.DocControl</Service>
<Function>
<ParaNumber>0</ParaNumber>
<members></members>
</Function>
</Xml>
```

6.1.6 showRecord

1. 功能描述

显示修订记录。

2. 组件接口

（1）接口原型：boolean showRecord([in]boolean bOn)

（2）参数说明：

bOn：布尔型，表示是否显示修订记录，true 为显示修订记录，false 为隐藏修订记录。

（3）返回值：布尔型，接口调用成功返回 true，失败返回 false。

3. 控件接口

BSTR ROInvokeEx(BSTR "showRecord", BSTR parameter)

4. parameter 参数说明

```
<?xml version='1.0' encoding='UTF-8'?><Xml>
<Service>RedOffice.ActiveX.DocControl</Service>
<Function>
<ParaNumber>1</ParaNumber>
<members>
<member>
<name>bOn</name>
<type>boolean</type>
<value>...true（显示修订记录）/false（不显示修订记录）...</value>
</member>
</members>
</Function>
</Xml>
```

6.1.7 setPrinter

1. 功能描述

设置打印机，必须是在打印列表中已有的打印机名称，如名称错误将使用默认打印机名称。

2. 组件接口

（1）接口原型：void setPrinter([in]string sPrinterName)

（2）参数说明：

sPrinterName：字符串型，要设置为默认打印机的打印机名称。

（3）返回值：为空，无返回值。

3. 控件接口

BSTR ROInvoke(BSTR "setPrinter", BSTR parameter)

4. parameter 参数说明

```
<?xml version='1.0' encoding='UTF-8'?><Xml>
<Service>RedOffice.ActiveX.DocControl</Service>
```

```
<Function>
<ParaNumber>1</ParaNumber>
<members>
<member>
<name>sPrinterName</name>
<type>string</type>
<value>...打印机名称...</value>
</member>
</members>
</Function>
</Xml>
```

5. 参数举例——打印机名称

HP LaserJet　该打印机必须在打印列表中存在

6.1.8 getPageCount

1. 功能描述

得到当前文档的页数。

2. 组件接口

（1）接口原型：long getPageCount()

（2）参数说明：无输入参数。

（3）返回值：长整型，返回当前文档包含的页数。

3. 控件接口

BSTR ROInvokeEx(BSTR "getPageCount", BSTR parameter)

4. parameter 参数说明

```
<?xml version='1.0' encoding='UTF-8'?><Xml>
<Service>RedOffice.ActiveX.DocControl</Service>
<Function>
<ParaNumber>0</ParaNumber>
<members></members>
</Function>
</Xml>
```

6.1.9 recordSwitch

1. 功能描述

打开修订记录。

2. 组件接口

（1）接口原型：boolean recordSwitch([in]boolean bOn)

（2）参数说明：

bOn：布尔型，表示是否打开修订，true 表示记录修订，false 表示不记录修订。

（3）返回值：布尔型，接口调用成功返回 true，失败返回 false。

3. 控件接口

BSTR ROInvokeEx(BSTR "recordSwitch", BSTR parameter)

4. parameter 参数说明

```
<?xml version='1.0' encoding='UTF-8'?><Xml>
<Service>RedOffice.ActiveX.DocControl</Service>
<Function>
<ParaNumber>1</ParaNumber>
<members>
<member>
<name>bOn</name>
<type>boolean</type>
<value>...true（打开修订记录）/false(关闭修订记录)...</value>
</member>
</members>
</Function>
</Xml>
```

6.1.10 createWorkSheet

1. 功能描述

创建新的工作表。

2. 组件接口

（1）接口原型：boolean createWorkSheet([in] string sheetName)

（2）参数说明：

sheetName：字符串型，要新建工作表的工作表名称。

（3）返回值：布尔型，接口调用成功返回 true，失败返回 false。

3. 控件接口

BSTR ROInvokeEx (BSTR "createWorkSheet", BSTR parameter)

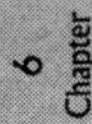

4. parameter 参数说明

```
<?xml version='1.0' encoding='UTF-8'?><Xml>
<Service>RedOffice.ActiveX.DocControl</Service>
<Function>
<ParaNumber>1</ParaNumber>
<members>
<member>
<name>sheetname</name>
<value>...工作表名称...</value>
</member>
</members>
```

```
</Function>
</Xml>
```

6.1.11 removeWorkSheet

1. 功能描述

删除指定的工作表。

2. 组件接口

（1）接口原型：boolean removeWorkSheet([in] string sheetName)

（2）参数说明：

sheetName：要删除工作表的工作表名称。

（3）返回值：布尔型，接口调用成功返回 true，失败返回 false。

3. 控件接口

BSTR ROInvokeEx (BSTR "removeWorkSheet", BSTR parameter)

4. parameter 参数说明

```
<?xml version='1.0' encoding='UTF-8'?><Xml>
<Service>RedOffice.ActiveX.DocControl </Service>
<Function>
<ParaNumber>1</ParaNumber>
<members>
<member>
<name>sheetname</name>
<value>...工作表名称...</value>
</member>
</members>
</Function>
</Xml>
```

6.1.12 copyWorkSheet

1. 功能描述

复制指定的工作表。

2. 组件接口

（1）接口原型：boolean copyWorkSheet([in] string oriName,[in] string newName)

（2）参数说明：

oriName：字符串型，要复制的源工作表名。

newName：字符串型，要复制到的新工作表名。

（3）返回值：布尔型，接口调用成功返回 true，失败返回 false。

3. 控件接口

BSTR ROInvokeEx (BSTR "copyWorkSheet", BSTR parameter)

4. parameter 参数说明

```
<?xml version='1.0' encoding='UTF-8'?><Xml>
```

```
<Service>RedOffice.ActiveX.DocControl </Service>
<Function>
<ParaNumber>2</ParaNumber>
<members>
<member>
<name>oriName</name>
<type>string</type>
<value>...源工作表名称...</value>
</member>
<member>
<name>newName</name>
<type>string</type>
<value>...新工作表名称...</value>
</member>
</members>
</Function>
</Xml>
```

6.1.13 presentationStart

1. 功能描述

以全屏模式开始播放演示文稿。

2. 组件接口

（1）接口原型：boolean presentationStart([in] long startPage)

（2）参数说明：

startPage：长整型，表示幻灯播放的开始页码。

（3）返回值：布尔型，接口调用成功返回 true，失败返回 false。

3. 控件接口

BSTR ROInvoke (BSTR "presentationStart", BSTR parameter)

4. parameter 参数说明

```
<?xml version='1.0' encoding='UTF-8'?><Xml>
<Service>RedOffice.ActiveX.DocControl </Service>
<Function>
<ParaNumber>1</ParaNumber>
<members>
<member>
<name>pageNumber</name>
<type>long</type>
<value>...开始页码...</value>
</member>
```

```
</members>
</Function>
</Xml>
```

6.1.14 presentationEnd

1. 功能描述

停止播放演示文稿。

2. 组件接口

（1）接口原型：boolean presentationEnd()

（2）参数说明：无输入参数。

（3）返回值：布尔型，接口调用成功返回 true，失败返回 false。

3. 控件接口

BSTR ROInvoke (BSTR "presentationEnd", BSTR parameter)

4. parameter 参数说明

```
<?xml version='1.0' encoding='UTF-8'?><Xml>
<Service>RedOffice.ActiveX.DocControl</Service>
<Function>
<ParaNumber>0</ParaNumber>
<members></members>
</Function>
</Xml>
```

6.1.15 setDrawPage

1. 功能描述

设置幻灯片的放映效果。

2. 组件接口

（1）接口原型：boolean setDrawPage([in]long drawChange,[in]long effect,[in]long speed,[in]long duration)

（2）参数说明：

drawChange：长整型，表示幻灯是否自动切换，0 表示人工切换，1 表示自动切换。

effect：长整型，表示切换幻灯片的动画效果，[0,56]之间的整数。

speed：长整型，表示切换幻灯片时动画的效果速度，[0,2]之间的整数。

duration：长整型，表示幻灯片切换时，两页之间间隔的秒数。

（3）返回值：布尔型，接口调用成功返回 true，失败返回 false。

3. 控件接口

BSTR ROInvoke (BSTR "setDrawPage", BSTR parameter)

4. parameter 参数说明

```
<?xml version='1.0' encoding='UTF-8'?><Xml>
<Service>RedOffice.ActiveX.DocControl</Service>
```

```
<Function><ParaNumber>4</ParaNumber>
<members>
<member>
<name>drawChange</name>
<type>boolean</type>
<value>...true（自动切换）/false（不自动切换）...</value>
</member>
<member>
<name>effect</name>
<type>long</type>
<value>...切换效果..</value>
</member>
<member>
<name>speed</name>
<type>long</type>
<value>...效果速度..</value>
</member>
<member>
<name>duration</name>
<type>long</type>
<value>...切换速度...</value>
</member>
</members>
</Function>
</Xml>
```


6.2 界面控制

组件包名称为 RedOffice.ActiveX.CFace。该组件包一共包括 3 个应用接口，应用于 RO 的菜单栏、工具栏的显示控制和文档属性的设置与读取。

6.2.1 setPageProperty

1. 功能描述

设置文档属性值，当属性值超过 RO 确定的值范围，则 RO 会给出相应的提示。

2. 组件接口

（1）接口原型：void setPageProperty([in] string sPageProperty, [in] long lPageValue)

（2）参数说明：

sPageProPerty：字符串型，要设置的页面属性名称。

lpageValue：长整型，要设置的属性值。

（3）返回值：为空，无返回值。

3. 控件接口

BSTR ROInvoke (BSTR "setPageProperty", BSTR parameter)

4. paramter 参数说明

```
<?xml version='1.0' encoding='UTF-8'?><Xml>
<Service>RedOffice.ActiveX.UIControl</Service>
<Function>
<ParaNumber>2</ParaNumber>
<members>
<member>
<name>sPageProperty</name>
<type>string</type>
<value>...页属性名...</value>
</member>
<member>
<name>lPageValue</name>
<type>long</type>
<value>...页属性值...</value>
</member>
</members>
</Function>
</Xml>
```

5. 参数举例——属性名

LeftMargin——左边距

RightMargin——右边距

TopMargin——上边距

BottomMargin——下边距

Width——页宽

Height——页高

6. 常用纸张类型对应页宽与页高

A3：页宽 2970 页高 4200

A4：页宽 2100 页高 2970

A5：页宽 2970 页高 2100

B4(ISO)：页宽 2500 页高 3530

B5(ISO)：页宽 1760 页高 2500

B6(ISO)：页宽 1250 页高 1760

用户也可自定义页宽与页高。

6.2.2 getPageProperty

1. 功能描述

获得文档属性，当属性不存时返回值为-1。

2. 组件接口

（1）接口原型：long getPageProperty([in] string sPageProperty)

（2）参数说明：

sPageProerty：字符串型，要获得的页面属性名称。

（3）返回值：长整型，页面属性值。

3. 控件接口

BSTR ROInvokeEx (BSTR "getPageProperty", BSTR parameter)

4. parameter 参数说明

```
<?xml version='1.0' encoding='UTF-8'?><Xml>
<Service>RedOffice.ActiveX.UIControl</Service>
<Function>
<ParaNumber>1</ParaNumber>
<members>
<member>
<name>sPageProperty</name>
<type>string</type>
<value>...页属性名...</value>
</member>
</members>
</Function>
</Xml>
```

5. 参数举例——属性名

LeftMargin——左边距

RightMargin——右边距

TopMargin——上边距

BottomMargin——下边距

Width——页宽

Height——页高

6.2.3 menuControl

1. 功能描述

激活或屏蔽指定的菜单栏。

2. 组件接口

（1）接口原型：void menuControl([in] string sBarName, [in] boolean bFlag)

（2）参数说明：

sBarName：字符串型，表示要设置的菜单栏的 url。

bFlag：布尔型，表示菜单栏是否被显示，为 true 菜单栏显示，为 false 菜单栏隐藏。

（3）返回值：为空，无返回值。

3. 控件接口

BSTR ROInvoke (BSTR "menuControl", BSTR parameter)

4. paramter 参数说明

```
<?xml version='1.0' encoding='UTF-8'?><Xml>
<Service>RedOffice.ActiveX.UIControl</Service>
<Function>
<ParaNumber>2</ParaNumber>
<members>
<member>
<name>sBarName</name>
<type>string</type>
<value>...指定的菜单 slot...</value>
</member>
<member>
<name>bFlag</name>
<type>boolean</type>
<value>...true（显示）/false（隐藏）...</value>
</member>
</members
</Function>
</Xml>
```

5. 参数举例——菜单栏

private:resource/toolbar/standardbar　常用栏

private:resource/toolbar/textobjectbar　格式栏

private:resource/toolbar/drawbar　绘图栏

private:resource/menubar/menubar　菜单栏

private:resource/statusbar/statusbar　状态栏

6.3 文档对象

组件包名称为 RedOffice.ActiveX.DocObject。该组件包一共包括 16 个应用接口，应用于：

- 表格的插入、合并、拆分。
- 文档对象中插入回车。
- 插入指定文档内容或图形文件。
- 文档修订记录的操作。
- 文档公文域的操作。

6.3.1 insertTable

1. 功能描述

在当前文档光标处插入表格。

2. 组件接口

（1）接口原型：void insertTable([in] string sTableName, [in] long iRows, [in] long iCols)

（2）参数说明：

sTableName：字符串型，要插入表格的名称。

iRows：长整型，要插入表格的行数。

iCols：长整型，要插入表格的列数。

（3）返回值：为空，无返回值。

3. 控件接口

BSTR ROInvoke (BSTR "insertTable", BSTR parameter)

4. parameter 参数说明

```
<?xml version='1.0' encoding='UTF-8'?><Xml>
<Service>RedOffice.ActiveX.DocObject</Service>
<Function>
<ParaNumber>3</ParaNumber>
<members>
<member>
<name>sTableName</name>
<type>string</type>
<value>...表格名称...</value>
</member>
<member>
<name>iRows</name>
<type>long</type>
<value>...插入的表格行数...</value>
</member>
<member>
<name>iCols</name>
<type>long</type>
<value>...插入的表格列数...</value>
</member>
</members>
</Function>
</Xml>
```

6.3.2 splitTableCell

1. 功能描述

拆分指定表格中的单元格。

2. 组件接口

（1）接口原型：boolean splitTableCell([in] string sTableName, [in] string sCellName,[in] long iCount, [in] boolean bFlag)

（2）参数说明：

sTableName：字符串型，要拆分表格的名称。

sCellName：字符串型，要拆分表格中单元格的名称。

iCount：长整型，要拆分的数目。

bFlag：布尔型，true 表示横向拆分，false 表示纵向拆分。

（3）返回值：布尔型，接口调用成功返回 true，失败返回 false。

3. 控件接口

BSTR ROInvokeEx (BSTR "splitTableCell", BSTR parameter)

4. parameter 参数说明

```
<?xml version='1.0' encoding='UTF-8'?><Xml>
<Service>RedOffice.ActiveX.DocObject</Service>
<Function>
<ParaNumber>4</ParaNumber>
<members>
<member>
<name>sTableName</name>
<type>string</type>
<value>...表格名称...</value>
</member>
<member>
<name>sCellName</name>
<type>string</type>
<value>...单元格名...</value>
</member>
<member>
<name>iCount</name>
<type>long</type>
<value>...拆分行数...</value>
</member>
<member>
<name>bFlag</name>
<type>boolean</type>
```

```
<value>...标志位 – false（纵向拆分）/true（横向拆分）...</value>
</member>
</members>
</Function>
</Xml>
```

6.3.3 mergerTableCell

1．功能描述

合并指定表格的单元格。

2．组件接口

（1）接口原型：boolean mergerTableCell([in] string sTableName, [in] string sStart, [in] string sEnd)

（2）参数说明：

sTableName：字符串型，要合并单元格所在表格名称。

sStart：字符串型，合并单元格的起始单元格名。

sEnd：字符串型，合并单元格的终止单元格名。

（3）返回值：布尔型，接口调用成功返回 true，失败返回 false。

3．控件接口

BSTR ROInvokeEx (BSTR "mergerTableCell", BSTR parameter)

4．parameter 参数说明

```
<?xml version='1.0' encoding='UTF-8'?><Xml>
<Service>RedOffice.ActiveX.DocObject</Service>
<Function>
<ParaNumber>3</ParaNumber>
<members>
<member>
<name>sTableName</name>
<type>string</type>
<value>...表格名称...</value>
</member>
<member>
<name>sStar</name>
<type>string</type>
<value>...起始单元格...</value>
</member>
<member>
<name>sEnd</name>
<type>string</type>
<value>...结束单元格...</value>
</member>
```

```
</members>
</Function>
</Xml>
```

6.3.4 insertDoc

1. 功能描述

在当前光标处插入指定文档的内容，包括远程和本地。文档类型为一切 RO 可以打开的类型文档，如 html、doc、ott 等。

2. 组件接口

（1）接口原型：void insertDoc([in] string sDocUrl)

（2）参数说明：

sDocUrl：字符串型，要插入文档所在路径和文件名。

（3）返回值：为空，无返回值。

3. 控件接口

BSTR ROInvoke (BSTR "insertDoc", BSTR parameter)

4. parameter 参数说明

```
<?xml version='1.0' encoding='UTF-8'?><Xml>
<Service>RedOffice.ActiveX.DocObject </Service>
    <Function>
    <ParaNumber>1</ParaNumber>
    <members>
    <member>
    <name>sDocUrl</name>
    <type>string</type>
    <value>...文档的 URL...</value>
    </member>
    </members>
    </Function>
    </Xml>
```

6.3.5 insertImage

1. 功能描述

在当前光标处插入指定图形文件。图形文件包括 RedOffice 可以打开的图形格式，如 bmp、jpg 等。

2. 组件接口

（1）接口原型：void insertImage([in] string sImageUrl)

（2）参数说明：

sImageUrl：字符串型，要插入图片所在路径和图片名。

（3）返回值：为空，无返回值。

3. 控件接口

BSTR ROInvoke (BSTR "insertImage", BSTR parameter)

4. parameter 参数说明

```
<?xml version='1.0' encoding='UTF-8'?><Xml>
<Service>RedOffice.ActiveX.DocObject </Service>
<Function>
<ParaNumber>1</ParaNumber>
<members>
<member>
<name>sImageUrl</name>
<type>string</type>
<value>...图片文件的 URL...</value>
</member>
</members>
</Function>
</Xml>
```

6.3.6 insertBreak

1. 功能描述

在指定对象中插入回车，对象指公文域和表格。

2. 组件接口

（1）接口原型：void insertBreak([in] string sFieldUrl)

（2）参数说明：

sFieldUrl：字符串型，要插入回车的对象 url。

（3）返回值：为空，无返回值。

3. 控件接口

BSTR ROInvoke (BSTR "insertBreak", BSTR parameter)

4. parameter 参数说明

```
<?xml version='1.0' encoding='UTF-8'?><Xml>
<Service>RedOffice.ActiveX.DocObject </Service>
<Function>
<ParaNumber>1</ParaNumber>
<members>
<member>
<name>sFieldUrl</name>
<type>string</type>
<value>...指定公文域或表格...</value>
</member>
</members>
```

```
</Function>
</Xml>
```

5. 参数举例——公文域

FIELDS[title].Content　在 title 域中插入回车

6.3.7 setFieldProp

1. 功能描述

设置公文域属性。

2. 组件接口

（1）接口原型：void setFieldProp([in] string sFieldUrl, [in] string sPropName, [in] long iValue)

（2）参数说明：

sFieldUrl：字符串型，要设置公文域的 url。

sPropName：字符串型，要设置公文域属性的名称。

iValue：长整型，要设置公文域属性值。

（3）返回值：为空，无返回值。

3. 控件接口

BSTR ROInvoke (BSTR "setFieldProp", BSTR parameter)

4. parameter 参数说明

```
<?xml version='1.0' encoding='UTF-8'?><Xml>
<Service>RedOffice.ActiveX.DocObject</Service>
<Function>
<ParaNumber>3</ParaNumber>
<members>
<member>
<name>sFieldUrl</name>
<type>string</type>
<value>...公文域名...</value>
</member>
<member>
<name>sPropName</name>
<type>string</type>
<value>...属性名...</value>
</member>
<member>
<name>iValue</name>
<type>long</type>
<value>...属性值...</value>
</member>
</members>
```

```
</Function>
</Xml>
```

5. 参数举例

（1）公文域名。

FILEDS[title].Content 需要设置的是 title 域

（2）属性名。

CharHeightAsian 这里指的是公文域中的文字

（3）属性值。

80 设置文字的高度

6. 注意事项

在公文域里对英文和中文属性设置的参数不相同，例如文字高度，英文：CharHeight，中文：CharHeightAsian，中文与英文的区别是要在英文属性后面加 Asian。

6.3.8 getRedlines

1. 功能描述

得到当前文档的修订记录数。

2. 组件接口

（1）接口原型：long getRedlines()

（2）参数说明：无输入参数。

（3）返回值：长整型，返回当前文档的修订次数。

3. 控件接口

BSTR ROInvokeEx (BSTR "getRedlines", BSTR parameter)

4. parameter 参数说明

```
<?xml version='1.0' encoding='UTF-8'?><Xml>
<Service>RedOffice.ActiveX.DocObject </Service>
<Function>
<ParaNumber>0</ParaNumber>
<members></members>
</Function>
</Xml>
```

6.3.9 getRedlineType

1. 功能描述

得到指定的修订记录的类型。

2. 组件接口

（1）接口原型：string getRedlineType([in] long nIndex)

（2）参数说明：

nIndex：长整型，要查询修订记录的索引号。

（3）返回值：字符串型，返回修订的类型。

3. 控件接口

BSTR ROInvokeEx (BSTR "getRedlineType", BSTR parameter)

4. parameter 参数说明

```
<?xml version='1.0' encoding='UTF-8'?><Xml>
<Service>RedOffice.ActiveX.DocObject </Service>
<Function>
<ParaNumber>1</ParaNumber>
<members>
<member>
<name>nIndex</name>
<type>long</type>
<value>...修订记录的序号（由 0 开始）...</value>
</member>
</members>
</Function>
</Xml>
```

6.3.10 getRedlineText

1. 功能描述

得到指定的修订记录的文本。

2. 组件接口

（1）接口原型：string getRedlineText([in] long nIndex)

（2）参数说明：

nIndex：长整型，要查询修订记录的索引号。

（3）返回值：字符串型，返回修订的内容。

3. 控件接口

BSTR ROInvokeEx (BSTR "getRedlineText", BSTR parameter)

4. parameter 参数说明

```
<?xml version='1.0' encoding='UTF-8'?><Xml>
<Service>RedOffice.ActiveX.DocObject </Service>
<Function>
<ParaNumber>1</ParaNumber>
<members>
<member>
<name>nIndex</name>
<type>long</type>
<value>...修订记录的序号（由 0 开始）...</value>
</member>
</members>
```

```
</Function>
</Xml>
```

6.3.11 getSpcRedLines

1. 功能描述

得到当前文档作者的指定类型的修订记录数。

2. 组件接口

（1）接口原型：long getSpcRedLines([in] string sAuthor, [in] string sType)

（2）参数说明：

sAuthor：字符串型，要查询修订记录的作者名。

sType：字符串型，要查询修订记录的类型。

（3）返回值：长整型，返回根据要求所查询的修订记录数。

3. 控件接口

BSTR ROInvokeEx (BSTR "getSpcRedLines", BSTR parameter)

4. paramter 参数说明

```
<?xml version='1.0' encoding='UTF-8'?><Xml>
<Service>RedOffice.ActiveX.DocObject </Service>
<Function>
<ParaNumber>2</ParaNumber>
<members>
<member>
<name>sAuthor</name>
<type>string</type>
<value>...作者名...</value>
</member>
<member>
<name>sType</name>
<type>string</type>
<value>...修订记录类型...</value>
</member>
</members>
</Function>
</Xml>
```

6.3.12 copyNotefieldContent

1. 功能描述

复制公文域内容。

2. 组件接口

（1）接口原型：void copyNotefieldContent([in]string pSourcefieldName,[in]string pTargetFieldName)

（2）参数说明：

pSourcefieldName：字符串型，要复制的源公文域名。

pTargetFieldName：字符串型，要复制的目标公文域名。

（3）返回值：为空，无返回值。

3. 控件接口

BSTR ROInvoke (BSTR "copyNotefieldContent", BSTR parameter)

4. paramter 参数说明

```
<?xml version='1.0' encoding='UTF-8'?><Xml>
<Service>RedOffice.ActiveX.DocObject </Service>
<Function>
<ParaNumber>2</ParaNumber>
<members>
<member>
<name>pSourcefieldUrl</name>
<type>string</type>
<value>...源公文域名称...</value>
</member>
<member>
<name>pTargetFieldUrl</name>
<type>string</type>
<value>...目标公文域名称...</value>
</member>
</members>
</Function>
</Xml>
```

6.3.13 insertROField

1. 功能描述

插入公文域名称。

2. 组件接口

（1）接口原型：boolean insertROField([in] string sFieldName , [in] boolean bFieldDel ,[in] boolean bFieldNesting)

（2）参数说明：

sFielName：字符串型，要插入公文域的名称。

bFieldDel：布尔型，设置插入公文域是否可删除。

bFieldNesting：布尔型，设置插入公文域是否可以嵌套。

（3）返回值：布尔型，接口调用成功返回 true，失败返回 false。

3. 控件接口

BSTR ROInvoke (BSTR "insertROField", BSTR parameter)

4. paramter 参数说明

```
<?xml version='1.0' encoding='UTF-8'?><Xml>
<Service>RedOffice.ActiveX.DocObject</Service>
<Function>
<ParaNumber>3</ParaNumber>
<members>
<member>
<name>FieldName</name>
<type>string</type>
<value>...公文域名称...</value>
</member>
<member>
<name>FieldDel</name>
<type>boolean</type>
<value>...true（可删除）/false（不可删除）...</value>
</member>
<member>
<name>FieldNesting</name>
<type>boolean</type>
<value>...true（可嵌套）/false（不可嵌套）...</value>
</member>
</members>
</Function>
</Xml>
```

6.3.14 deleteROField

1. **功能描述**

删除指定公文域。

2. **组件接口**

（1）接口原型：boolean deleteROField ([in] string sFieldName)

（2）参数说明：

sFieldName：字符串型，要删除公文域的名称。

（3）返回值：布尔型，接口调用成功返回 true，失败返回 false。

3. **控件接口**

BSTR ROInvoke (BSTR "deleteROField", BSTR parameter)

4. parameter 参数说明

```
<?xml version='1.0' encoding='UTF-8'?><Xml>
<Service>RedOffice.ActiveX.DocObject </Service>
<Function>
```

```
<ParaNumber>1</ParaNumber>
<members>
<member>
<name>fieldName</name>
<type>string</type>
<value>...公文域名...</value>
</member>
</members>
</Function>
</Xml>
```

6.3.15 getType

1. 功能描述

查询单元格中数据类型。

2. 组件接口

（1）接口原型：long getType([in]long Row, [in]long Column)

（2）参数说明：

Row：长整型，要查询单元格的行号。

Column：长整型，要查询单元格的列号。

（3）返回值：长整型，单元格内容为空返回 0，内容为数值返回 1，内容为字符串返回 2，内容为公式返回 3。

3. 控件接口

BSTR ROInvokeEx (BSTR "getType", BSTR parameter)

4. parameter 参数说明

```
<?xml version='1.0'encoding='UTF-8'?><Xml>
<Service>RedOffice.ActiveX.DocObject</Service>
<Function>
<ParaNumber>2</ParaNumber>
<members>
<member><name>row</name><value>...列号...</value></member>
<member><name>column</name><value>...行号...</value></member>
</members>
</Function>
</Xml>
```

6.3.16 redLineControl

1. 功能描述

设置当前文档是否接受或拒绝修订。

2. 组件接口

（1）接口原型：void redLineControl([in] boolean bRedLineState)

（2）参数说明：

bRedLineState：布尔型，表示文档是否接受修订，true 为接受修订，false 为拒绝修订。

（3）返回值：为空，无返回值。

3. 控件接口

BSTR ROInvoke (BSTR "deleteROField", BSTR parameter)

4. parameter 参数说明

```
<?xml version='1.0' encoding='UTF-8'?><Xml>
<Service>RedOffice.ActiveX.DocObject</Service>
<Function>
<ParaNumber>1</ParaNumber>
<members>
<member><name>bOn</name><value>...是否接受修订...</value></member>
</members>
</Function>
</Xml>
```

6.4 数据交互

组件包名称为 RedOffice.ActiveX.DataExchange，该组件包一共包括 10 个应用接口，应用设置或读取某个对象的值，其中对象是指“公文域”和“表格”。

6.4.1 setNamingValue

1. 功能描述

设置某个对象的某个值（这里的“对象”指“公文域”和“表格”）。

2. 组件接口

（1）接口原型：void setNamingValue([in] string sUrl, [in] string sValue, [in] long iType)

（2）参数说明：

sUrl：字符串型，要设置对象的 url。

sValue：字符串型，要对对象设置的内容。

iType：长整型，设置方式，0 为改写，1 为在域首插入，2 为在域尾插入。

（3）返回值：为空，没有返回值。

3. 控件接口

BSTR ROInvoke (BSTR "setNamingValue", BSTR parameter)

4. parameter 参数说明

```
<?xml version='1.0' encoding='UTF-8'?><Xml>
<Service>RedOffice.ActiveX.DataExchange</Service>
<Function>
```

```
<ParaNumber>3</ParaNumber>
<members>
<member>
<name>sUrl</name>
<type>string</type>
<value>...指定对象...</value>
</member>
<member>
<name>sValue</name>
<type>string</type>
<value>...具体的值...</value>
</member>
<member>
<name>iType</name>
<type>long</type>
<value>...标志位，确定是追加还是替换，当位 1 时追加，当 0 时替换。...</value>
</member>
</members>
</Function>
</Xml>
```

5. 参数举例

（1）指定对象。

FIELDS[公文域名].Content　某个公文域的内容

TABLES[表格名].A1　某个表格中 A1 单元格的内容

（2）具体值。

如设置 title 公文域的内容、设置的内容。

6.4.2 getNamingValue

1. 功能描述

得到某个对象的某个值（这里的“对象”指“公文域”和“表格”）。

2. 参数接口

（1）接口原型：string getNamingValue([in] string sUrl)

（2）参数说明：

sUrl：字符串型，要查询对象的 URL。

（3）返回值：字符串型，返回查询对象的内容值。

3. 控件接口

BSTR ROInvokeEx (BSTR "getNamingValue", BSTR parameter)

4. parameter 参数说明

```
<?xml version='1.0' encoding='UTF-8'?><Xml>
```

```
<Service>RedOffice.ActiveX.DataExchange</Service>
<Function>
<ParaNumber>1</ParaNumber>
<members>
<member>
<name>sUrl</name>
<type>string</type>
<value>...指定对象...</value>
</member>
</members>
</Function>
</Xml>
```

5. 参数举例

FIELDS[公文域名].Content　某个公文域的内容

TABLES[表格名].A1　某个表格中 A1 单元格的内容

6.4.3 getCellValue

1. 功能描述

获取单元格的数值。

2. 组件接口

（1）接口原型：double getCellValue([in]long row, [in]long column)

（2）参数说明：

row：长整型，要查询单元格的行号。

column：长整型，要查询单元格的列号。

（3）返回值：双精度浮点数，返回所查询单元格内的数值。

3. 控件接口

BSTR ROInvokeEx (BSTR "getCellValue", BSTR parameter)

4. parameter 参数说明

```
<?xml version='1.0' encoding='UTF-8'?><Xml>
<Service>RedOffice.ActiveX.DataExchange</Service>
<Function>
<ParaNumber>2</ParaNumber><
members>
<member>
<name>row</name>
<type>long</type>
<value>"...行号..."</value>
</member>
<member>
```

```
<name>column</name>
<type>long</type>
<value>"...列号..."</value>
</member>
</members>
</Function>
</Xml>
```

6.4.4 getCellText

1. 功能描述

获取指定单元格的文字。

2. 组件接口

（1）接口原型：string getCellText([in]long row, [in]long column)

（2）参数说明：

row：长整型，要查询单元格的行号。

column：长整型，要查询单元格的列号。

（3）返回值：字符串型，返回所查询单元格内的字符串。

3. 控件接口

BSTR ROInvokeEx (BSTR "getCellText", BSTR parameter)

4. parameter 参数说明

```
<?xml version='1.0' encoding='UTF-8'?><Xml>
<Service>RedOffice.ActiveX.DataExchange</Service>
<Function>
<ParaNumber>2</ParaNumber><
members>
<member>
<name>row</name>
<type>long</type>
<value>"...行号..."</value>
</member>
<member>
<name>column</name>
<type>long</type>
<value>"...列号..."</value>
</member>
</members>
</Function>
</Xml>
```

6.4.5 getCellFormula

1. 功能描述

获取单元格的公式。

2. 组件接口

（1）接口原型：string getCellFormula([in]long row ,[in]long column)

（2）参数说明：

row：长整型，要查询单元格的行号。

column：长整型，要查询单元格的列号。

（3）返回值：字符串型，返回所查询单元格内的公式。

3. 控件接口

BSTR ROInvokeEx (BSTR "getCellFormula", BSTR parameter)

4. parameter 参数说明

```
<?xml version='1.0' encoding='UTF-8'?><Xml>
<Service>RedOffice.ActiveX.DataExchange</Service>
<Function>
<ParaNumber>2</ParaNumber><
members>
<member>
<name>row</name>
<type>long</type>
<value>"...行号..."</value>
</member>
<member>
<name>column</name>
<type>long</type>
<value>"...列号..."</value>
</member>
</members>
</Function>
</Xml>
```

6.4.6 setCellValue

1. 功能描述

设置单元格的数值。

2. 组件接口

（1）接口原型：boolean setCellValue([in]long row, [in]long column, [in]double value)

（2）参数说明：

row：长整型，要设置单元格的行号。

column：长整型，要设置单元格的列号。

value：双精度浮点数，要设置的数值。

（3）返回值：布尔型，接口调用成功返回 true，失败返回 false。

3. 控件接口

BSTR ROInvokeEx (BSTR "setCellValue", BSTR parameter)

4. parameter 参数说明

```
<?xml version='1.0' encoding='UTF-8'?><Xml>
<Service>RedOffice.ActiveX.DataExchange</Service>
<Function>
<ParaNumber>2</ParaNumber><
members>
<member>
<name>row</name>
<type>long</type>
<value>"...行号..."</value>
</member>
<member>
<name>column</name>
<type>long</type>
<value>"...列号..."</value>
</member>
</members>
</Function>
</Xml>
```

6.4.7 setCellText

1. 功能描述

设置指定单元格的文字。

2. 组件接口

（1）接口原型：boolean setCellString([in]long row, [in]long column,[in]string value)

（2）参数说明：

row：长整型，要设置单元格的行号。

column：长整型，要设置单元格的列号。

string：字符串型，要设置的字符串。

（3）返回值：布尔型，接口调用成功返回 true，失败返回 false。

3. 控件接口

BSTR ROInvokeEx (BSTR "setCellText", BSTR parameter)

4. parameter 参数说明

```
<?xml version='1.0' encoding='UTF-8'?><Xml>
```

```
&lt;Service&gt;RedOffice.ActiveX.DataExchange&lt;/Service&gt;
&lt;Function&gt;
&lt;ParaNumber&gt;2&lt;/ParaNumber&gt;<
members>
&lt;member&gt;
&lt;name&gt;row&lt;/name&gt;
&lt;type&gt;long&lt;/type&gt;
&lt;value&gt;"...行号..."&lt;/value&gt;
&lt;/member&gt;
&lt;member&gt;
&lt;name&gt;column&lt;/name&gt;
&lt;type&gt;long&lt;/type&gt;
&lt;value&gt;"...列号..."&lt;/value&gt;
&lt;/member&gt;
&lt;/members&gt;
&lt;/Function&gt;
&lt;/Xml&gt;
```

6.4.8 setCellFormula

1. 功能描述

设置单元格的公式。

2. 组件接口

（1）接口原型：boolean setCellFormula([in]long row,[in]long column, [in]string value)

（2）参数说明：

row：长整型，要设置单元格的行号。

column：长整型，要设置单元格的列号。

value：字符串型，要设置的公式。

（3）返回值：布尔型，接口调用成功返回 true，失败返回 false。

3. 控件接口

BSTR ROInvokeEx (BSTR "setCellFormula", BSTR parameter)

4. parameter 参数说明

```
&lt;?xml version='1.0' encoding='UTF-8'?&gt;&lt;Xml&gt;
&lt;Service&gt;RedOffice.ActiveX.DataExchange&lt;/Service&gt;
&lt;Function&gt;
&lt;ParaNumber&gt;2&lt;/ParaNumber&gt;
&lt;members&gt;
&lt;member&gt;
&lt;name&gt;row&lt;/name&gt;
&lt;type&gt;long&lt;/type&gt;
```

```
<value>"...行号..."</value>
</member>
<member>
<name>column</name>
<type>long</type>
<value>"...列号..."</value>
</member>
</members>
</Function>
</Xml>
```

6.4.9 setROFieldContent

1．功能描述

设置公文域的内容。

2．组件接口

（1）接口原型：boolean setROFieldContent([in] string sFieldName , [in] string sFieldContent, [in] long contentFlag)

（2）参数说明：

sFieldName：字符串型，要设置的公文域名称。

sFieldContent：字符串型，要设置的内容值。

contentFlag：长整型，设置方式，0 为该写，1 为在域首添加，2 为在域尾添加。

（3）返回值：布尔型，接口调用成功返回 true，失败返回 false。

3．控件接口

BSTR ROInvokeEx (BSTR "setROFieldContent", BSTR parameter)

4．parameter 参数说明

```
<?xml version='1.0' encoding='UTF-8'?><Xml>
<Service>RedOffice.ActiveX.DataExchange</Service>
<Function>
<ParaNumber>3</ParaNumber>
<members>
<member>
<name>FieldName</name>
<type>string</type>
<value>"..公文域名..."</value>
</member>
<member>
<name>FieldContent</name>
<type>string</type>
<value>"...修改内容..."</value>
```

```
</member>
<member>
<name>Flag</name>
<type>long</type>
<value>"...修改方式..."</value>
</member>
</members>
</Function>
</Xml>
```

6.4.10 getROFieldContent

1. 功能描述

获取公文域的内容。

2. 组件接口

（1）接口原型：string getROFieldContent([in] string sFieldName)

（2）参数说明：

sFieldName：要查询的公文域名称。

（3）返回值：字符串型，返回公文域内容。

3. 控件接口

BSTR ROInvokeEx (BSTR "getROFieldContent", BSTR parameter)

4. parameter 参数说明

```
<?xml version='1.0' encoding='UTF-8'?><Xml>
<Service>RedOffice.ActiveX.DataExchange</Service>
<Function>
<ParaNumber>1</ParaNumber>
<members>
<member>
<name>fieldName</name>
<type>string</type>
<value>...公文域名...</value>
</member>
</members>
</Function>
</Xml>
```

6.5 文档输出

组件包名称为 RedOffice.ActiveX.DocOutput，该组件包一共包括 2 个应用接口，主要功能是打印或转换 PDF 输出。

6.5.1 printDoc

1．功能描述

打印当前文档。

2．组件接口

（1）接口原型：void printDoc([in] boolean bDialog, [in] long nCopyCount)

（2）参数说明：

bDialog：布尔型，表示是否弹出 RO 打印对话框，true 为弹出打印对话框，false 为不弹出打印对话框。

nCopyCount：长整型，打印份数。

（3）返回值：为空，无返回值。

3．控件接口

BSTR ROInvoke (BSTR "printDoc", BSTR parameter)

4．parameter 参数说明

```
<?xml version='1.0' encoding='UTF-8'?><Xml>
<Service>RedOffice.ActiveX.DocOutput</Service>
<Function>
<ParaNumber>2</ParaNumber>
<members>
<member>
<name>bDialog</name>
<type>boolean</type>
<value>...true（显示打印对话框）/false（不显示打印对话框）...</value>
</member>
<member>
<name>nCopyCount</name>
<type>long</type>
<value>...打印份数...</value>
</member>
</members>
</Function>
</Xml>
```

6.5.2 exportPDF

1．功能描述

将当前文档以 PDF 格式输出到指定路径。

2．组件接口

（1）接口原型：void exportPDF([in] string sUrl)

（2）参数说明：

sUrl：字符串型，表示所导出的 pdf 文件路径和文件名。

（3）返回值：为空，无返回值。

3. 控件接口

BSTR ROInvoke (BSTR "exportPDF", BSTR parameter)

4. parameter 参数说明

```
<?xml version='1.0' encoding='UTF-8'?><Xml>
<Service>RedOffice.ActiveX.DocOutput</Service>
<Function>
<ParaNumber>1</ParaNumber>
<members>
<member>
<name>sUrl</name>
<type>string</type>
<value>...文档保存的指定路径...</value>
</member>
</members>
</Function>
</Xml>
```

6.6 文档安全

组件包名称为 RedOffice.ActiveX.DocAccess，该组件包一共包括 6 个应用接口，主要功能是为文档设置安全属性。

6.6.1 setReadOnly

1. 功能描述

将当前文档设为只读。

2. 组件接口

（1）接口原型：void setReadOnly([in] boolean bFlag)

（2）参数说明：

bFlag：布尔型，表示文档文档是否可读。

（3）返回值：为空，无返回值。

3. 控件接口

BSTR ROInvoke (BSTR "setReadOnly", BSTR parameter)

4. parameter 参数说明

```
<?xml version='1.0' encoding='UTF-8'?><Xml>
<Service>RedOffice.ActiveX.DocAccess</Service>
<Function>
<ParaNumber>1</ParaNumber>
```

```
<members>
<member>
<name>Flag</name>
<type>boolean</type>
<value>...TRUE（只读）/FALSE（取消只读）...</value>
</member>
</members>
</Function>
</Xml>
```

6.6.2 setAuthor

1．功能描述

设置当前文档作者。

2．组件接口

（1）接口原型：void setAuthor([in] string strAuthor)

（2）参数说明：

strAuthor：字符串型，要设置的作者名。

（3）返回值：为空，无返回值。

3．控件接口

BSTR ROInvoke (BSTR "setAuthor", BSTR parameter)

4．parameter 参数说明

```
<?xml version='1.0' encoding='UTF-8'?>
<Xml>
<Service>RedOffice.ActiveX.DocAccess</Service>
<Function>
<ParaNumber>1</ParaNumber>
<members>
<member>
<name>author</name>
<value>...作者名字...</value>
</member>
</members>
</Function>
</Xml>
```

6.6.3 isModified

1．功能描述

判断当前文档是否已修改。

2. 组件接口

（1）接口原型：boolean isModified()

（2）参数说明：无输入参数。

（3）返回值：布尔型，当前文档已被修改返回 ture，未被修改返回 false。

3. 控件接口

BSTR ROInvokeEx (BSTR "isModified", BSTR parameter)

4. parameter 参数说明

```
<?xml version='1.0' encoding='UTF-8'?>
<Xml>
<Service>RedOffice.ActiveX.DocAccess</Service>
<Function>
<ParaNumber>0</ParaNumber>
<members>
<member>
<name></name>
</member>
</members>
</Function>
</Xml>
```

6.6.4 isDisableCopy

1. 功能描述

判断当前文档是否可复制。

2. 组件接口

（1）接口原型：boolean isDisableCopy()

（2）参数说明：无输入参数。

（3）返回值：布尔型，当前文档可复制返回 true，不可复制返回 false。

3. 控件接口

BSTR ROInvoke Ex(BSTR "isDisableCopy", BSTR parameter)

4. parameter 参数说明

```
<?xml version='1.0' encoding='UTF-8'?>
<Xml>
<Service>RedOffice.ActiveX.DocAccess</Service>
<Function>
<ParaNumber>0</ParaNumber>
<members>
```

```
<member>
<name></name>
</member>
</members>
</Function>
</Xml>
```

6.6.5 enableMenu

1. 功能描述

使指定的工具栏按钮被屏蔽或者激活。

2. 组件接口

（1）接口原型：void enableMenu([in] string sUrl, [in] boolean bFlag)

（2）参数说明：

sUrl：字符串型，要设置的按钮名称。

bFlag：布尔型，表示按钮是否被激活，为 true 按钮被激活，为 false 按钮被屏蔽。

（3）返回值：为空，无返回值。

（4）此接口仅对已被保存在计算机中的文档起作用，对新建文档不起作用。即当工具栏中的“编辑文件”按钮处于激活状态的文档起作用。

3. 控件接口

BSTR ROInvoke (BSTR "enableMenu", BSTR parameter)

4. parameter 参数说明

```
<?xml version='1.0' encoding='UTF-8'?><Xml>
<Service>RedOffice.ActiveX.DocAccess</Service>
<Function>
<ParaNumber>2</ParaNumber>
<members>
<member>
<name>sUrl</name>
<type>string</type>
<value>...指定的工具栏按钮...</value>
</member>
<member>
<name>bFlag</name>
<type>boolean</type>
<value>...TRUE（激活）/ FALSE（屏蔽）...</value>
</member>
</members>
```

```
</Function>
</Xml>
```

5. 参数举例——菜单栏

SaveAs——另存为

CloseDoc——关闭文件

Print——打印

Save——保存

Redo——重做

Undo——撤销

Repeat——重复

NewDoc——新建

Open——打开

MacroRecorder——录制宏

这里只列出了一些常用的按钮名称及其对应的功能。如果想查询所有的按钮，请通过“录制宏”的方法，详细步骤请参考技术白皮书相关内容。

6.6.6 executeUNO

1. 功能描述

通过此接口可直接通过 UNO 名称调用 UNO 接口。

2. 组件接口

（1）接口原型：boolean executeUNO([in] string strUno)

（2）参数说明：

strUno：Uno 名称。

（3）返回值：布尔型，接口调用成功返回 true，失败返回 false。

3. 控件接口

BSTR ROInvokeEx (BSTR "executeUNO", BSTR parameter)

4. parameter 参数说明

```
<?xml version='1.0' encoding='UTF-8'?>
<Xml>
<Service>RedOffice.ActiveX.DocAccess</Service>
<Function>
<ParaNumber>1</ParaNumber>
<members>
<member>
<name>unoName</name>
<value>...UNO 名称...</value>
</member>
</members>
```

```
</Function>
</Xml>
```

6.7 签名签章

Windows 系统下的服务名称为：RedOffice.Secutity.Signature.ROSECURITY_SERVICE，Linux 系统下的服务名称为：RedOffice.Security.Signature.ROSECURITY_LINUX，包含 5 个应用接口，主要功能是对文档进行签章、验章、删章等操作。

6.7.1 insertFieldStamp

1. 功能描述

对公文域签章。

2. 组件接口

（1）接口原型：boolean insertFieldStamp([in] string fieldName)

（2）参数说明：

fieldName：字符串型，要进行签章的公文域。

（3）返回值：布尔型，接口调用成功返回 true，失败返回 false。

3. 控件接口

BSTR ROInvokeEx (BSTR "insertFieldStamp", BSTR parameter)

4. parameter 参数说明

```
<?xml version='1.0' encoding='UTF-8'?><Xml>
<Service>RedOffice.Security.Signature.ROSECURITY_SERVICE</Service>
<Function><ParaNumber>1</ParaNumber>
<members>
<member><name>fieldName</name><value>...公文域名称...</value></member>
</members>
</Function>
</Xml>
```

注意

Linux 系统下的服务名称为 RedOffice.Security.Signature.ROSECURITY_LINUX。

6.7.2 insertArea

1. 功能描述

插入签章区域，为文档签章做准备，在对文档签章前，必须先调用此接口。

2. 组件接口

（1）接口原型：boolean insertArea()

（2）参数说明：无输入参数。

（3）返回值：布尔型，接口调用成功返回 true，失败返回 false。

3. 控件接口

BSTR ROInvokeEx (BSTR "insertArea", BSTR parameter)

4. parameter 参数说明

```
<?xml version='1.0' encoding='UTF-8'?><Xml>
<Service>RedOffice.Security.Signature.ROSECURITY_SERVICE</Service>
<Function><ParaNumber>0</ParaNumber>
<members>
<member><name></name><value></value></member>
</members>
</Function>
</Xml>
```

注意

Linux 系统下的服务名称为 RedOffice.Security.Signature.ROSECURITY_LINUX。

6.7.3 signDocument

1. 功能描述

对文档签章，插章前需调用 insertArea 接口先插入签章区域。

2. 组件接口

（1）接口原型：boolean signDocument()

（2）参数说明：无输入参数。

（3）返回值：布尔型，接口调用成功返回 true，失败返回 false。

3. 控件接口

BSTR ROInvokeEx (BSTR "signDocument", BSTR parameter)

4. parameter 参数说明

```
<?xml version='1.0' encoding='UTF-8'?><Xml>
<Service>RedOffice.Security.Signature.ROSECURITY_SERVICE</Service>
<Function><ParaNumber>0</ParaNumber>
<members>
<member><name></name><value></value></member>
</members>
</Function>
</Xml>
```

注意

Linux 系统下的服务名称为 RedOffice.Security.Signature.ROSECURITY_LINUX。

6.7.4 VerifyDocument

1. 功能描述

对文档的签章进行验章。

2. 组件接口

（1）接口原型：boolean VerifyDocument()

（2）参数说明：无输入参数。

（3）返回值：布尔型，接口调用成功返回 true，失败返回 false。

3. 控件接口

BSTR ROInvokeEx (BSTR "VerifyDocument", BSTR parameter)

4. parameter 参数说明

```
<?xml version='1.0' encoding='UTF-8'?><Xml>
<Service>RedOffice.Security.Signature.ROSECURITY_SERVICE</Service>
<Function><ParaNumber>0</ParaNumber>
<members>
<member><name></name><value></value></member>
</members>
</Function>
</Xml>
```

注意

Linux 系统下的服务名称为 RedOffice.Security.Signature.ROSECURITY_LINUX。

6.7.5 DeleteDocStamper

1. 功能描述

删除文档签章。

2. 组件接口

（1）接口原型：boolean DeleteDocStamper()

（2）参数说明：无输入参数。

（3）返回值：布尔型，接口调用成功返回 true，失败返回 false。

3. 控件接口

BSTR ROInvokeEx (BSTR "DeleteDocStamper", BSTR parameter)

4. parameter 参数说明

```
<?xml version='1.0' encoding='UTF-8'?><Xml>
<Service>RedOffice.Security.Signature.ROSECURITY_SERVICE</Service>
<Function><ParaNumber>0</ParaNumber>
<members>
<member><name></name><value></value></member>
</members>
</Function>
</Xml>
```

注意

Linux 系统下的服务名称为 RedOffice.Security.Signature.ROSECURITY_LINUX。

6.8 应用扩展

目前，应用扩展组件包仍处在开发人员的规划设计过程中。随着时间的推移，RedOffice SDK 将在日后增添更多新的功能组件，以充分满足客户在实际应用中的各项需求。

7

Javascript 编程示例

SDK 网页测试平台，是与 SDK 组件包一起发布，为了方便进行 SDK 各个接口功能的测试的配套软件，运行安装包运行后，可用以下方法启动测试平台：

（1）通过双击桌面 RedOffice_SDK_2009 快捷方式，或在“开始→RedOffice_SDK_2009→RedOffice_SDK_2009”，可直接运行 SDK 网页测试平台，此方法以默认浏览器打开测试页。

（2）直接通过安装路径，查找到测试页启动文件，直接运行，或用浏览器打开此文件，如 C:\Program Files\RedOffice_SDK_2009\RO_SDK_2009\Index.html 启动 SDK 网页测试平台。

网页测试平台如图 1 所示。

图 1：网页测试

关于使用 javascript 进行网页编程调用 SDK 各个接口，详见以下各部分网页源码实例。

7.1 DocControl 文档控制

7.1.1 load

1. 功能描述

用于在 RedOffice 中载入本地或远程 RedOffice 文档。

2. 网页调用实例

（1）用户交互页面（RO_Load_Select.htm）主要程序：

```
function returnVal()
{
try
{
    if( Ext.isGecko3 )
      netscape.security.PrivilegeManager.enablePrivilege( 'UniversalFileRead' );
}
catch(err)
{
    alert(err);
}
if(document.getElementById( "selLocalFile" ).value != "")
{
    var selFile = document.getElementById( "selLocalFile" ).value;
    selFile = "file:///"+selFile.replace(/\\/g,"\/");
    window.opener.document.SettingValue =
    selFile+"||"+document.getElementById( "selPassword" ).value;
}
else if(document.getElementById( "selRemoteFile" ).value != "")
{
    window.opener.document.SettingValue =
    window.document.getElementById( "selRemoteFile" ).value+"||"+document.getElementById
("selPassword").value;
}
else
{
    window.opener.document.SettingValue =
    window.document.getElementById( "selNewDocument" ).value+"||"+document.getElementById
("selPassword" ).value;
}
window.close();
}
function onUnload()
{
```

7 Chapter

```
        window.opener.DocControl_load();
    }
    function onLoad()
    {
    alert("如果要载入的是含密码的文档，需在密码框中输入密码才可正常载入！");
    }
```

（2）接口调用页面（RoExcFunction.js）主要程序：

```
function DocControl_load()
{
var setStr= document.SettingValue;
    if(setStr !="")
    {
        slength = setStr.length;
        sIndex = setStr.indexOf("||");
        selF1 = setStr.substring(0,sIndex);
        selF2 = setStr.substring(sIndex+2,slength);
    if (selF1.indexOf(":////")>0)
    {
        var str =selF1.substring(9,setStr.length);
        selF1="file:///"+str;
    }
    txml ="<?xml version='1.0' encoding='UTF-8'?>
            <Xml>
            <Service>RedOffice.ActiveX.DocControl</Service>
            <Function>
            <ParaNumber>2</ParaNumber>
            <members>
            <member><name>url</name><value>"+selF1+"</value></member>
              <member><name>password</name><value>"
                +selF2+"</value></member></members>
            </Function></Xml>";
    tfunc = "load";
    try
    {
        document.getElementById("RedOfficeCtrl").ROInvoke(tfunc, txml);
    }
    catch(e)
    {
        alert(e.name + " " + e.message+" 由于IE插件运行错误,此项功能将不能正常实现,需重启SDK
demo 或检查配置及输入参数！");
        return;
    }
}
    document.SettingValue="";
};
```

7.1.2 loadEx

1．功能描述

打开RedOffice兼容支持的本地文档，格式包括Word文档、Excel文档、RTF文档、文本文档、HTML文档以及UOF（标文通）文档。

2．网页调用实例

（1）用户交互页面（RO_LoadEx_Select.html）主要程序：

```
function returnVal()
{
        try
        {
                if( Ext.isGecko3 )
                netscape.security.PrivilegeManager.enablePrivilege( 'UniversalFileRead' );
        }
        catch(err)
        {
                alert(err);
        }
        if(document.getElementById( "selLocalFile" ).value != "")
        {
                var selFile = document.getElementById( "selLocalFile" ).value;
        selFile = "file:///"+selFile.replace(/\\/g,"\/") + "||"+
                        document.getElementById( "selFilter" ).value;;
                        window.opener.document.SettingValue = selFile;
        }
        window.close();
}
function onUnload()
{
        window.opener.DocControl_loadEx();
}
function VersionChange()
{
        if(document.getElementById("selROVersion").value=="RO4.0")
        {
                document.getElementById("selFilter").options[6].value="RoUofSWFilter";
                document.getElementById("selFilter").options[7].value="RoUofSDFilter";
                document.getElementById("selFilter").options[8].value="RoUofSCFilter";
        }
        if(document.getElementById("selROVersion").value=="RO4.5")
        {
        document.getElementById("selFilter").options[6].value="UofFilter_Cpp_writer";
        document.getElementById("selFilter").options[7].value="UofFilter_Cpp_impress";
        document.getElementById("selFilter").options[8].value="UofFilter_Cpp_calc";
        }
```

```
        if(document.getElementById("selROVersion").value=="RO5.0")
        {
                document.getElementById("selFilter").options[6].value="uof_file_writer";
                document.getElementById("selFilter").options[7].value="uof_file_impress";
                document.getElementById("selFilter").options[8].value="uof_file_calc";
        }
}
```

（2）接口调用页面（RoExcFunction.js）主要程序：

```
function DocControl_loadEx()
{
    var sIndex,slength,selF1,selF2;
        var setStr= document.SettingValue;
        if(setStr !="")
        {
                slength = setStr.length;
                sIndex = setStr.indexOf("||");
                selF1 = setStr.substring(0,sIndex);
                selF2 = setStr.substring(sIndex+2,slength);
                txml ="<?xml version='1.0' encoding='UTF-8'?>
                <Xml><Service>RedOffice.ActiveX.DocControl</Service>
                <Function>
                <ParaNumber>2</ParaNumber>
                <members>
                <member><name>url</name><type></type><value>"
                +selF1+"</value></member>
                <member><name>url</name><value>"
                +selF2+"</value></member>
                </members>
                </Function></Xml>";
                tfunc = "loadEx";
                try
                {
                        document.getElementById("RedOfficeCtrl").ROInvoke(tfunc, txml);
                }
                catch(e)
                {
                        alert(e.name + " " + e.message+" 由于 IE 插件运行错误，此项功能将不能正常实现，需重
启 SDK demo 或检查配置及输入参数！");
                        return;
                }
        }
    document.SettingValue="";
};
```

7.1.3 save

1. 功能描述

以默认 ODF 格式保存当前文档到本机指定的路径或远程服务器。

2. 网页调用实例

（1）用户交互页面（RO_Save_Select.htm）、主要程序：

```
function returnVal()
{
        if(document.getElementById( "selLocalFile" ).value != "")
        {
                var selFile = document.getElementById( "selLocalFile" ).value;
                if(selFile.lastIndexOf("\\")==selFile.length-1)
                {
                        alert("请输入文件名!");
                         return;
                }
                selFile = "file:///"+selFile.replace(/\\/g,"\/");
                window.opener.document.SettingValue = selFile;
        }
                else if(document.getElementById( "selRemoteFile" ).value != "")
                {
                        if(document.getElementById( "selRemoteFile" ).value == "http://")
                        {
                                alert("ERROR：对不起！您输入的远程文档地址不正确！");
                        }
                        else
                        {
                                window.opener.document.SettingValue=
document.getElementById("selRemoteFile").value;
                }
        }
        window.close();
}
function onUnload()
{
        window.opener.DocControl_Save();
}
function Initialization()
{
        if (navigator.platform.indexOf("Win")==-1)
                document.getElementById("selLocalFile").value="\\root\\";
}
```

（2）接口调用页面（RoExcFunction.js）主要程序：

```
function DocControl_Save(){
var setStr= document.SettingValue;
if(setStr !="")
{
        txml ="<?xml version='1.0' encoding='UTF-8'?>
```

```
        <Xml><Service>RedOffice.ActiveX.DocControl</Service>
        <Function>
        <ParaNumber>1</ParaNumber>
        <members>
        <member><name>url</name><value>"
        +setStr+"</value></member>
        </members></Function></Xml>";
        tfunc = "save";
        try
        {
            document.getElementById("RedOfficeCtrl").ROInvoke(tfunc, txml);
        }
        catch(e)
        {
            alert(e.name + " " + e.message+"  由于 IE 插件运行错误，此项功能将不能正常实现，需重启 SDK
demo 或检查配置及输入参数！");
            return;
        }
    }
    document.SettingValue="";
    };
```

7.1.4 saveEx

1. 功能描述

把当前文档保存为 RedOffice 兼容的其他格式，格式包括 Word 文档、Excel 文档、RTF 文档、文本文档、HTML 文档、UOF（标文通）文档，通过过滤器下拉设定文档类型。

2. 网页调用实例

（1）用户交互页面（RO_SaveAs_Select(odt).html）主要程序：

```
function returnVal()
{
    if(document.getElementById( "selLocalFile" ).value != "")
    {
        var selFile = document.getElementById( "selLocalFile" ).value;
        var fileName = selFile.substring(selFile.lastIndexOf("\\")+1);
        if(fileName.indexOf(".")>-1)
            fileName = fileName.substring(0,fileName.indexOf("."));
        if(fileName.length==0)
        {
            alert("缺少文件名！");
            return;
        }
        if( selFile == "c:\\" ){ selFile = selFile +"RO 另存文档.doc";}
        selFile = "file:///"+selFile.replace(/\\/g,"\/") + "||"
  + document.getElementById( "selFilter" ).value;
```

```
            window.opener.document.SettingValue=selFile;
        }
        window.close();
}
function VersionChange()
{
        if(document.getElementById("selROVersion").value=="RO4.0")
        {
            document.getElementById("selFilter").options[4].value="RoUofSWFilter";
            document.getElementById("selFilter").options[5].value="RoUofSCFilter";
            document.getElementById("selFilter").options[6].value="RoUofSDFilter";
        }
        if(document.getElementById("selROVersion").value=="RO4.5")
        {
          document.getElementById("selFilter").options[4].value="UofFilter_Cpp_writer";
          document.getElementById("selFilter").options[5].value="UofFilter_Cpp_calc";
            document.getElementById("selFilter").options[6].value="UofFilter_Cpp_impress";
      }
      if(document.getElementById("selROVersion").value=="RO5.0")
      {
          document.getElementById("selFilter").options[4].value="uof_file_writer";
          document.getElementById("selFilter").options[5].value="uof_file_calc";
          document.getElementById("selFilter").options[6].value="uof_file_impress";
      }
}
function onUnload()
{
        window.opener.DocControl_SaveAs();
}
```

（2）接口调用页面（RoExcFunction.js）主要程序：

```
function DocControl_SaveAs(){
var sIndex,slength,selF1,selF2;
var setStr= document.SettingValue;
if(setStr !="")
{
        slength = setStr.length;
        sIndex = setStr.indexOf("||");
        selF1 = setStr.substring(0,sIndex);
        selF2 = setStr.substring(sIndex+2,slength);
        txml ="<?xml version='1.0' encoding='UTF-8'?><Xml>
        <Service>RedOffice.ActiveX.DocControl</Service>
        <Function><ParaNumber>2</ParaNumber>
        <members>
        <member><name>url</name><value>"+selF1+"</value></member>
        <member><name>url</name><type></type><value>"+selF2+"</value>
        </member>
        </members></Function></Xml>";
        tfunc = "saveEx";
        try
```

```
        {
            document.getElementById("RedOfficeCtrl").ROInvoke(tfunc, txml);
        }
        catch(e)
        {
            alert(e.name + " " + e.message+"  由于IE插件运行错误，此项功能将不能正常实现，需重启SDK
demo 或检查配置及输入参数！");
            return;
        }
    }
    document.SettingValue="";
    };
```

7.1.5　closeDoc

1. 功能描述

关闭当前窗口的文档。

2. 网页调用实例

（1）接口调用页面（RoExcFunction.js）主要程序：

```
function DocControl_closeDoc()
{
txml ="<?xml version='1.0' encoding='UTF-8'?><Xml>
<Service>RedOffice.ActiveX.DocControl</Service>
<Function><ParaNumber>0</ParaNumber><members>
<member><name></name><value></value></member>
</members></Function></Xml>";
 tfunc = "closeDoc";
try
{
    document.getElementById("RedOfficeCtrl").ROInvoke(tfunc, txml);
}
catch(e)
{
    alert(e.name + " " + e.message+"  由于IE插件运行错误，此项功能将不能正常实现，需重启SDK demo
或检查配置及输入参数！");
    return;
}
}
```

7.1.6　setPrinter

1. 功能描述

设置打印机，必须是在打印列表中已有的打印机名称，如名称错误则使用默认打印机名称。

2. 网页调用实例

（1）用户交互页面（RO_DocControl_SetPrinter_Set.html）主要程序：

```
function returnVal()
{
        if(document.getElementById( "PrinterName" ).value != "")
        {
                var setPrinter= document.getElementById( "PrinterName" ).value;
                window.opener.document.SettingValue=setPrinter;
        }
        window.close();
}
function onUnload()
{
        window.opener.DocControl_SetPrinter();
}
```

（2）接口调用页面（RoExcFunction.js）主要程序：

```
function DocControl_SetPrinter(){
var setStr= document.SettingValue;
if(setStr !="")
{
        txml ="<?xml version='1.0' encoding='UTF-8'?><Xml>
        <Service>RedOffice.ActiveX.DocControl</Service>
        <Function><ParaNumber>1</ParaNumber><members>
        <member><name>PrinterName</name><value>"
        +setStr+"</value></member>
        </members></Function></Xml>";
        tfunc = "setPrinter";
        try
        {
                document.getElementById("RedOfficeCtrl").ROInvoke(tfunc, txml);
        }
        catch(e)
        {
                alert(e.name + " " + e.message+" 由于IE插件运行错误，此项功能将不能正常实现，需重启SDK
demo 或检查配置及输入参数！ ");
                return;
        }
}
document.SettingValue="";
}
```

7.1.7 getPageCount

1. 功能描述

得到当前文档的页数。

2. 网页调用实例

（1）接口调用页面（RoExcFunction.js）主要程序：

```
function DocControl_GetPageCount()
{
txml = "<?xml version='1.0' encoding='UTF-8'?><Xml>
        <Service>RedOffice.ActiveX.DocControl</Service>
        <Function><ParaNumber>0</ParaNumber>
        <members>
        <member><name></name><value></value></member>
        </members></Function></Xml>";
tfunc = "getPageCount";
try{
            var str=document.getElementById("RedOfficeCtrl").ROInvokeEx(tfunc,txml);
            str = "RedOffice 当前文档页数: "+str+" 页! ";
            alert(str);
}
catch(e){
        alert(e.name + " " + e.message+" 由于IE插件运行错误,此项功能将不能正常实现,需重启SDK demo
或检查配置及输入参数! ");
        return;
}
}
```

7.1.8 recordSwitch

1. 功能描述

打开或关闭修订记录。

2. 网页调用实例

接口调用页面（RoExcFunction.js）主要程序：

```
function DocControl_RecordSwitch()
{
if(RecordOpened == true)
        RecordOpened = false;
else
        RecordOpened = true;
txml="<?xml version='1.0' encoding='UTF-8'?><Xml>
<Service>RedOffice.ActiveX.DocControl</Service>
<Function><ParaNumber>1</ParaNumber>
    <members>
    <member><name>on</name><value>"
    +RecordOpened+"</value></member>
    </members></Function></Xml>";
tfunc = "recordSwitch";
try{
        document.getElementById("RedOfficeCtrl").ROInvokeEx(tfunc,txml);
}
catch(e)
```

```
    {
        alert(e.name + " " + e.message+"  由于IE插件运行错误，此项功能将不能正常实现，需重启SDK demo 或检查配置及输入参数！");
        return;
    }
}
```

7.1.9 createWorkSheet

1. 功能描述

在电子表格文档中新建工作表。

2. 网页调用实例

（1）用户交互页面（RO_DocControl_CreateWorkSheet_Set.html）主要程序：

```
function returnVal()
{
    if(document.getElementById( "SheetName" ).value != "")
    {
        var vsetVal;
        vsetVal=document.getElementById("SheetName").value;
        window.opener.document.SettingValue=vsetVal;
    }
    else window.opener.document.SettingValue="";
    window.close();
}
function onReset()
{
    document.getElementById( "SheetName" ).value="";
}
function onUnload()
{
    window.opener.DocControl_CreateWorkSheet();
}
```

（2）接口调用页面（RoExcFunction.js）主要程序：

```
function DocControl_CreateWorkSheet()
{
var setStr=document.SettingValue;
if(setStr != "")
{
    tfunc="createWorkSheet";
    txml="<?xml version='1.0' encoding='UTF-8'?><Xml>
    <Service>RedOffice.ActiveX.DocControl</Service>
    <Function><ParaNumber>1</ParaNumber>
    <members>
    <member><name>sheetName</name><value>"
    +setStr+"</value></member>
```

```
            </members></Function></Xml>";
            try{
                var str=document.getElementById("RedOfficeCtrl").ROInvokeEx(tfunc,txml);
            }
            catch(e)
            {
                alert(e.name + " " + e.message+" 由于IE插件运行错误，此项功能将不能正常实现，需重启SDK
demo 或检查配置及输入参数！");
                return;
            }
        }
        document.SettingValue="";
    }
```

7.1.10 removeWorkSheet

1. 功能描述

在电子表格文档中删除指定名称的工作表。

2. 网页调用实例

（1）用户交互页面（RO_DocControl_RemoveWorkSheet_Set.html）主要程序：

```
function returnVal()
{
    if(document.getElementById( "SheetName" ).value != "")
    {
        var vsetVal;
        vsetVal=document.getElementById("SheetName").value;
        window.opener.document.SettingValue=vsetVal;
    }
    else window.opener.document.SettingValue="";
    window.close();
}
function onReset()
{
    document.getElementById( "SheetName" ).value="";
}
function onUnload()
{
    window.opener.DocControl_RemoveWorkSheet();
}
```

（2）接口调用页面（RoExcFunction.js）主要程序：

```
function DocControl_RemoveWorkSheet()
{
var setStr=document.SettingValue;
if(setStr != "")
```

```
{
        tfunc="removeWorkSheet";
        txml="<?xml version='1.0' encoding='UTF-8'?><Xml>
        <Service>RedOffice.ActiveX.DocControl</Service>
        <Function><ParaNumber>1</ParaNumber>
        <members>
        <member><name>sheetName</name><value>"
        +setStr+"</value></member>
        </members></Function></Xml>";
        try{
            document.getElementById("RedOfficeCtrl").ROInvokeEx(tfunc,txml);
        }
        catch(e)
        {
            alert("输入数据错误!");
            return;
        }
}
document.SettingValue="";
}
```

7.1.11 copyWorkSheet

1. 功能描述

在电子表格文档中将指定表格复制出另一指定名称的工作表。

2. 网页调用实例

（1）用户交互页面（RO_DocControl_CopyWorkSheet_Set.html）主要程序：

```
function returnVal()
{
        if(document.getElementById( "oriSheetName" ).value != "" && document.getElementById("newssheet
Name").value != "")
        {
            if(document.getElementById( "oriSheetName" ).value == document.getElementById("newssheet
Name").value)
            {
                alert("源工作表与目标工作表同名！请重新输入！");
                return;
            }
            var vsetVal;
            vsetVal=document.getElementById("oriSheetName").value;
            vsetVal=vsetVal+"||"+document.getElementById("newSheetName").value;
            window.opener.document.SettingValue=vsetVal;
        }
        else window.opener.document.SettingValue="";
        window.close();
}
```

```
function onReset()
{
        document.getElementById( "oriSheetName" ).value="";
        document.getElementById( "newSheetName" ).value="";
}
function onUnload()
{
        window.opener.DocControl_CopyWorkSheet();
}
```

（2）接口调用页面（RoExcFunciton.js）主要程序：

```
function DocControl_CopyWorkSheet()
{
var setStr=document.SettingValue;
var vIndex0,oriSheetName,newSheetName;
if(setStr!="")
{
        tfunc="copyWorkSheet";
        vIndex0 = setStr.indexOf("||");
        oriSheetName = setStr.substring(0,vIndex0);
        newSheetName = setStr.substring(vIndex0+2,setStr.length);
        txml="<?xml version='1.0' encoding='UTF-8'?><Xml>
        <Service>RedOffice.ActiveX.DocControl</Service>
        <Function><ParaNumber>2</ParaNumber>
        <members>
        <member><name>oriName</name><value>"
        +oriSheetName+"</value></member>
        <member><name>newName</name><value>"
        +newSheetName+"</value></member>
        </members></Function></Xml>";
        try{
                document.getElementById("RedOfficeCtrl").ROInvokeEx(tfunc,txml);
        }
        catch(e)
        {
                alert(e.name + " " + e.message+" 由于IE插件运行错误，此项功能将不能正常实现，需重启SDK
demo或检查配置及输入参数！");
                return;
        }
}
document.SettingValue="";
}
```

7.1.12 presentationStart

1. 功能描述

在演示文档中开始从指定页播放幻灯片。

2. 网页调用实例

（1）用户交互页面（RO_DocControl_PresentationStart_Set.html）主要程序：

```
function returnVal()
{
        if(document.getElementById( "startPage" ).value != "")
        {
                var vsetVal;
                vsetVal=document.getElementById("startPage").value;
                window.opener.document.SettingValue=vsetVal;
        }
        else window.opener.document.SettingValue="";
        window.close();
}
function onReset()
{
        document.getElementById( "startPage" ).value="";
}
function onUnload()
{
        window.opener.DocControl_PresentationStart();
}
```

（2）接口调用页面（RoExcFunction.js）主要程序：

```
function DocControl_PresentationStart()
{
var setStr = document.SettingValue;
if(setStr!="")
{
        setStr=setStr-1
        txml = "<?xml version='1.0' encoding='UTF-8'?><Xml>
        <Service>RedOffice.ActiveX.DocControl</Service>
        <Function><ParaNumber>1</ParaNumber>
        <members>
        <member><name>startPage</name><value>"
        +setStr+"</value></member>
        </members></Function></Xml>";
        tfunc = "presentationStart";
        try{
                document.getElementById("RedOfficeCtrl").ROInvokeEx(tfunc,txml);
        }
        catch(e)
        {
                alert(e.name + " " + e.message+" 由于IE插件运行错误，此项功能将不能正常实现，需重启SDK
demo 或检查配置及输入参数！");
                return;
        }
}
document.SettingValue="";
}
```

7.1.13 presentationEnd

1. 功能描述

在演示文档中停止正在播放的幻灯片。

2. 网页调用实例

接口调用页面（RoExcFunction.js）主要程序：

```
function DocControl_PresentationEnd()
{
if(confirm("幻灯将开始播放，并于 5 秒后自动停止"))
{
        txml = "<?xml version='1.0' encoding='UTF-8'?><Xml>
        <Service>RedOffice.ActiveX.DocControl</Service>
        <Function><ParaNumber>1</ParaNumber>
        <members>
        <member><name>startPage</name><value>0</value></member>
        </members></Function></Xml>";
        tfunc = "presentationStart";
        try
        {
            document.getElementById("RedOfficeCtrl").ROInvokeEx(tfunc,txml);
        }
        catch(e)
        {
            alert(e.name + " " + e.message+"  由于 IE 插件运行错误，此项功能将不能正常实现，需重启 SDK
demo 或检查配置及输入参数！");
            return;
        }
        //alert("timeout");
        setTimeout("PresentationEnd()",5000);

}
else
        return;
}
```

7.1.14 setDrawPage

1. 功能描述

设置幻灯片的播放效果。

2. 网页调用实例

（1）用户交互页面（RO_DocControl_SetDrawPage_Set.html）主要程序：

```
function returnVal()
{
        var vsetVal;
```

```
        if(document.getElementById( "ChangeEffect" ).value != "" && document.getElementById( "Change
Speed" ).value != "" && document.getElementById( "Duration" ).value!="")
        {
            var AutoChange = document.getElementsByName("AutoChange");
            for(var i=0;i<AutoChange.length;i++)
            {
                if(AutoChange[i].checked)
                {
                    vsetVal=AutoChange[i].value;
                }
            }
            vsetVal = vsetVal+"||"+document.getElementById( "ChangeEffect" ).value;
            vsetVal = vsetVal+"||"+document.getElementById( "ChangeSpeed" ).value;
            vsetVal = vsetVal+"||"+document.getElementById("Duration").value;
            window.opener.document.SettingValue=vsetVal;
        }
        else
        {
            window.opener.document.SettingValue="";
        }
        window.close();
    }

    function onReset()
    {
        document.getElementById("ChangeEffect").value="";
        document.getElementById("ChangeSpeed").value="";
        document.getElementById("Duration").value="";
        var radioes = document.getElementsByName("AutoChange");
        radioes[0].checked=true;
    }

    function onUnload()
    {
        window.opener.DocControl_SetDrawPage();
    }
```


（2）接口调用页面（RoExcFunction.js）主要程序：

```
function DocControl_SetDrawPage()
{
var setStr=document.SettingValue;
var vIndex0,AutoChange,Effect,Speed,Duration;
if(setStr!="")
{
    vIndex0 = setStr.indexOf("||");
    AutoChange = setStr.substring(0,vIndex0);
```

```
            setStr = setStr.substring(vIndex0+2,setStr.length);
            vIndex0 = setStr.indexOf("||");
            Effect = setStr.substring(0,vIndex0);
            setStr = setStr.substring(vIndex0+2,setStr.length);
            vIndex0 = setStr.indexOf("||");
            Speed = setStr.substring(0,vIndex0);
            Duration = setStr.substring(vIndex0+2,setStr.length);
            tfunc="setDrawPage";
            txml="<?xml version='1.0' encoding='UTF-8'?><Xml>
            <Service>RedOffice.ActiveX.DocControl</Service>
            <Function><ParaNumber>4</ParaNumber>
            <members>
            <member><name>drawChange</name><value>"
            +AutoChange+"</value></member>
            <member><name>effect</name><value>"
            +Effect+"</value></member>
            <member><name>speed</name><value>"
            +Speed+"</value></member>
            <member><name>duration</name><value>"
            +Duration+"</value></member>
            </members></Function></Xml>";
            try{
                document.getElementById("RedOfficeCtrl").ROInvokeEx(tfunc,txml);
            }
            catch(e)
            {
                alert(e.name + " " + e.message+"  由于IE插件运行错误，此项功能将不能正常实现，需重启SDK
demo 或检查配置及输入参数！");
                return;
            }
        }
        document.SettingValue="";
    }
```

7.2　UIControl 界面控制

7.2.1　setPageProperty

1．功能描述

设置文档的页面属性。

2．网页调用实例

（1）用户交互页面（RO_UIControl_SetPageProperty_Set.html）主要程序：

```
function returnVal()
{
    if(onChangeLeft()==false || onChangeRight()==false || onChangeTop()==false || onChangeBottom()==false)
```

```
        {
            return;
        }
        var selFile = document.getElementById( "selPage" ).value;
        LeftInt = document.getElementById( "selLeft" ).value;
        xLeftFloat = parseFloat(LeftInt)*1000;
        RightInt = document.getElementById( "selRight" ).value;
        xRightFloat = parseFloat(RightInt)*1000;
        TopInt = document.getElementById( "selTop" ).value;
        xTopFloat = parseFloat(TopInt)*1000;
        BottomInt = document.getElementById( "selBottom" ).value;
        xBottomFloat = parseFloat(BottomInt)*1000;

        selFile = document.getElementById( "selPage" ).value + xLeftFloat
            + "||"+ xRightFloat+ "||"+ xTopFloat+ "||"+ xBottomFloat;
            window.opener.document.SettingValue=selFile;
        window.close();
    }
    function selectPage()
    {
        if(document.getElementById( "selPage" ).value =="A3")
        {
            document.getElementById( "selPageWidth" ).value = "29.7";
            document.getElementById( "selPageHeight" ).value = "42";
        }
        if(document.getElementById( "selPage" ).value =="A4")
        {
            document.getElementById( "selPageWidth" ).value = "21";
            document.getElementById( "selPageHeight" ).value = "29.7";
        }
        if(document.getElementById( "selPage" ).value =="A5")
        {
            document.getElementById( "selPageWidth" ).value = "29.7";
            document.getElementById( "selPageHeight" ).value = "21";
        }
        if(document.getElementById( "selPage" ).value =="B4")
        {
            document.getElementById( "selPageWidth" ).value = "25";
            document.getElementById( "selPageHeight" ).value = "35.3";
        }
        if(document.getElementById( "selPage" ).value =="B5")
        {
            document.getElementById( "selPageWidth" ).value = "17.6";
            document.getElementById( "selPageHeight" ).value = "25";
        }
        if(document.getElementById( "selPage" ).value =="B6")
```

```
        {
            document.getElementById( "selPageWidth" ).value = "12.5";
            document.getElementById( "selPageHeight" ).value = "17.6";
        }
    }

    function onUnload()
    {
        window.opener.UIControl_SetPageProperty();
    }
    function onChangeLeft()
    {
        var
LeftMax=document.getElementById("selPageWidth").value-document.getElementById("selRight").value;
        if (document.getElementById("selLeft").value=="" || document.getElementById("selLeft").value<0 ||
document.getElementById("selLeft").value>LeftMax || IsNotNumber(document.getElementById("selLeft").value)==1)
        {
            document.getElementById("selLeft").select();
            document.getElementById("selLeft").focus();
            alert("左边距设置超出范围！ ");
            return false;
        }
        return true;
    }
    function onChangeRight()
    {
        var
RightMax=document.getElementById("selPageWidth").value-document.getElementById("selLeft").value;
        if (document.getElementById("selRight").value=="" || document.getElementById("selRight").value<0 ||
document.getElementById("selRight").value>RightMax || IsNotNumber(document.getElementById("selRight").value)==1)
        {
            document.getElementById("selRight").select();
            document.getElementById("selRight").focus();
            alert("右边距设置超出范围！ ");
            return false;
        }
        return true;
    }
    function onChangeTop()
    {
        var
TopMax=document.getElementById("selPageHeight").value-document.getElementById("selBottom").value;
        if (document.getElementById("selTop").value=="" || document.getElementById("selTop").value<0 ||
document.getElementById("selTop").value>TopMax || IsNotNumber(document.getElementById("selTop").value)==1)
        {
            document.getElementById("selTop").select();
```

```
                document.getElementById("selTop").focus();
                alert("上边距设置超出范围！");
                return false;
            }
            return true;
        }
        function onChangeBottom()
        {
            var
BottomMax=document.getElementById("selPageHeight").value-document.getElementById("selTop").value;
            if (document.getElementById("selBottom").value=="" || document.getElementById("selBottom").value<0 ||
document.getElementById("selBottom").value>BottomMax || IsNotNumber(document.getElementById("selBottom").value)==1)
            {
                document.getElementById("selBottom").select();
                document.getElementById("selBottom").focus();
                alert("下边距设置超出范围！");
                return false;
            }
            return true;
        }
        function IsNotNumber(str)
        {
            for(i=0;i<str.length;i++)
            {
                if(str.charAt(i)>='0' && str.charAt(i)<='9' || str.charAt(i)=='.')
                {
                    if(i==0 && str.charAt(i)=='0' && str.charAt(i+1)!='.' && str.length>1)
                        return 1;//当第一个字符为 0，而后面没有小数点时，str 不是数字
                    if(str.charAt(i)=='.')
                    {
                        if(i==0 || i==str.length-1)
                            return 1;//小数点在第一或最后一位，则 str 不是数字
                        if(str.substr(i+1).indexOf('.')!=-1)
                            return 1;//str 含一个以上小数点，则不是数字
                    }
                    if(i==str.length-1)
                        return 0;//当到最后一个字符时，不满足以上条件，则 str 为数字
                }
                else
                    return 1;//str 含其他字符，则不是数字
            }
        }
```

（2）接口调用页面（RoExcFunction.js）主要程序：

```
function UIControl_SetPageProperty(){
var setStr = document.SettingValue;
tfunc="setPageProperty";
```

```
if(setStr !="")
{
        slength = setStr.length;
        sIndex = setStr.indexOf("||");
        selF0 = setStr.substring(0,2);
        if(selF0 =="A3")
        {
                tWidth    = "29700";
                tHeight = "42000";
        }
        if(selF0 =="A4")
        {
                tWidth    = "21000";
                tHeight = "29700";
        }
        if(selF0 =="A5")
        {
                tWidth    = "29700";
                tHeight = "21000";
        }
        if(selF0 =="B4")
        {
                tWidth    = "25000";
                tHeight = "35300";
        }
        if(selF0 =="B5")
        {
                tWidth    = "17600";
                tHeight = "25000";
        }
        if(selF0 =="B6")
        {
                tWidth    = "12500";
                tHeight = "17600";
        }
        txml ="<?xml version='1.0' encoding='UTF-8'?><Xml>
        <Service>RedOffice.ActiveX.UIControl</Service>
        <Function><ParaNumber>2</ParaNumber>
        <members>
        <member><name>PageProperty</name><value>Width</value>
        </member>
        <member><name>PageValue</name><value>"
        +tWidth+"</value></member>
        </members></Function></Xml>";
        document.getElementById("RedOfficeCtrl").ROInvoke(tfunc, txml);
        txml ="<?xml version='1.0' encoding='UTF-8'?><Xml>
```

```
<Service>RedOffice.ActiveX.UIControl</Service>
<Function><ParaNumber>2</ParaNumber><members>
<member><name>PageProperty</name><value>Height</value>
</member>
<member><name>PageValue</name><value>"
+tHeight+"</value></member>
</members></Function></Xml>";
document.getElementById("RedOfficeCtrl").ROInvoke(tfunc, txml);
selF1 = setStr.substring(2,sIndex);
txml ="<?xml version='1.0' encoding='UTF-8'?><Xml>
<Service>RedOffice.ActiveX.UIControl</Service>
<Function><ParaNumber>2</ParaNumber>
<members>
<member><name>PageProperty</name><value>LeftMargin</value>
</member>
<member><name>PageValue</name><value>"
+selF1+"</value></member>
</members></Function></Xml>";
document.getElementById("RedOfficeCtrl").ROInvoke(tfunc, txml);
selFTemp = setStr.substring(sIndex+2,slength);
selTIndex = selFTemp.indexOf("||");
selF2 = selFTemp.substring(0,selTIndex);
txml ="<?xml version='1.0' encoding='UTF-8'?><Xml>
<Service>RedOffice.ActiveX.UIControl</Service>
<Function><ParaNumber>2</ParaNumber>
<members>
<member><name>PageProperty</name><value>RightMargin
</value></member>
<member><name>PageValue</name><value>"
+selF2+"</value></member>
</members></Function></Xml>";
document.getElementById("RedOfficeCtrl").ROInvoke(tfunc, txml);
selFTemp = selFTemp.substring(selTIndex+2,slength);
selTIndex = selFTemp.indexOf("||");
selF3 = selFTemp.substring(0,selTIndex);
txml ="<?xml version='1.0' encoding='UTF-8'?><Xml>
<Service>RedOffice.ActiveX.UIControl</Service>
<Function><ParaNumber>2</ParaNumber>
<members>
<member><name>PageProperty</name><value>TopMargin</value>
</member>
<member><name>PageValue</name><value>"
+selF3+"</value></member>
</members></Function></Xml>";
document.getElementById("RedOfficeCtrl").ROInvoke(tfunc, txml);
selF4 = selFTemp.substring(selTIndex+2,slength);
```

```
        txml ="<?xml version='1.0' encoding='UTF-8'?><Xml>
        <Service>RedOffice.ActiveX.UIControl</Service>
        <Function><ParaNumber>2</ParaNumber>
        <members>
        <member><name>PageProperty</name><value>BottomMargin
        </value></member>
        <member><name>PageValue</name><value>"
        +selF4+"</value></member>
        </members></Function></Xml>";
        document.getElementById("RedOfficeCtrl").ROInvoke(tfunc, txml);
    }
    document.SettingValue="";
    }
```

7.2.2 getPagePropery

1. 功能描述

获取当前文档的页面属性。

2. 网页调用实例

（1）接口调用页面（RoExcFunction.js）主要程序：

```
function UIControl_GetPageProperty(){
var pageHtml="";
tfunc = "getPageProperty";
txml ="<?xml version='1.0' encoding='UTF-8'?><Xml>
<Service>RedOffice.ActiveX.UIControl</Service>
<Function><ParaNumber>1</ParaNumber>
<members>
<member><name>PageProperty</name><value>Width</value>
</member>
</members></Function></Xml>";
var pageWidth = document.getElementById("RedOfficeCtrl").ROInvokeEx(tfunc, txml);
pageHtml1 = "RedOffice 文档,页宽:"+pageWidth;

txml ="<?xml version='1.0' encoding='UTF-8'?><Xml>
    <Service>RedOffice.ActiveX.UIControl</Service> <Function><ParaNumber>1</ParaNumber>
    <members>
    <member><name>PageProperty</name><value>Height</value>
    </member>
    </members></Function></Xml>";
var pageHeight = document.getElementById("RedOfficeCtrl").ROInvokeEx(tfunc, txml);
pageHtml2 = pageHtml1+'  页高:'+pageHeight;
txml ="<?xml version='1.0' encoding='UTF-8'?><Xml>
<Service>RedOffice.ActiveX.UIControl</Service>
<Function><ParaNumber>1</ParaNumber><members>
<member><name>PageProperty</name><value>LeftMargin</value>
```

```
</member></members></Function></Xml>";
var pageLeftMargin = document.getElementById("RedOfficeCtrl").ROInvokeEx(tfunc, txml);
pageHtml3 = pageHtml2+'  左边距:'+pageLeftMargin;
txml ="<?xml version='1.0' encoding='UTF-8'?><Xml>
<Service>RedOffice.ActiveX.UIControl</Service>
<Function><ParaNumber>1</ParaNumber><members>
<member><name>PageProperty</name><value>RightMargin
</value></member>
</members></Function></Xml>";
var pageRightMargin = document.getElementById("RedOfficeCtrl").ROInvokeEx(tfunc, txml);
pageHtml4 = pageHtml3+'  右边距:'+pageRightMargin;
txml ="<?xml version='1.0' encoding='UTF-8'?><Xml>
<Service>RedOffice.ActiveX.UIControl</Service>
<Function><ParaNumber>1</ParaNumber><members>
<member><name>PageProperty</name><value>TopMargin
</value></member>
</members></Function></Xml>";
var pageTopMargin =document.getElementById("RedOfficeCtrl").ROInvokeEx(tfunc, txml);
pageHtml5 = pageHtml4+'  上边距:'+pageTopMargin;
txml ="<?xml version='1.0' encoding='UTF-8'?><Xml>
<Service>RedOffice.ActiveX.UIControl</Service>
<Function><ParaNumber>1</ParaNumber><members>
<member><name>PageProperty</name><value>BottomMargin
</value></member>
</members></Function></Xml>";
var pageBottomMargin = document.getElementById("RedOfficeCtrl").ROInvokeEx(tfunc, txml);
pageHtml6 = pageHtml5+'  下边距:'+pageBottomMargin;
alert(pageHtml6);
}
```

7.2.3 menuControl

1. 功能描述

激活或屏蔽指定的工具栏。

2. 网页调用实例

（1）用户交互页面（RO_UIControl_MenuControl_Set.html）主要程序：

```
function returnVal()
{
	var vsetVal="";
	var checkboxes = document.getElementsByName("setToolbar");
	for(var i=0;i<checkboxes.length;i++)
	{
		if(checkboxes[i].checked)
		{
			if(vsetVal=="")
```

```
                    vsetVal=checkboxes[i].value;
                else
                    vsetVal=vsetVal+"||"+checkboxes[i].value;
            }
        }
        var radioes = document.getElementsByName("setFlag");
        for(var i=0;i<radioes.length;i++)
        {
            if(radioes[i].checked)
            {
                vsetVal=vsetVal+"||"+radioes[i].value;
                window.opener.document.SettingValue=vsetVal;
            }
        }
        window.close();
}

function onReset()
{
        var checkboxes = document.getElementsByName("setToolbar");
        for(var i=0;i<checkboxes.length;i++)
        {
            checkboxes[i].checked=false;
        }
        var radioes = document.getElementsByName("setFlag");
        radioes[0].checked=true;
}

function onUnload()
{
        window.opener.UIControl_MenuControl();
}
```

（2）接口调用页面（RoExcFunction.js）主要程序：

```
function UIControl_MenuControl(){
var setStr = document.SettingValue;
if(setStr != "")
{
        var flag=setStr.substring(setStr.lastIndexOf("||")+2,setStr.length);
        setStr=setStr.substring(0,setStr.lastIndexOf("||"));
        var toolbar;
        var index=setStr.indexOf("||");
        while(index>0){ //改变多个工具栏时
            toolbar=setStr.substring(0,index);
            txml = "<?xml version='1.0' encoding='UTF-8'?><Xml>
            <Service>RedOffice.ActiveX.UIControl</Service>
            <Function><ParaNumber>2</ParaNumber>
            <members>
            <member><name>Slot</name><value>"
            +toolbar+"</value></member>
```

```
                <member><name>Flag</name><value>"
                +flag+"</value></member>
                </members></Function></Xml>";
                tfunc = "menuControl";
                try{
                        document.getElementById("RedOfficeCtrl").ROInvoke(tfunc, txml);
                }
                catch(e){
                        alert(e.name + " " + e.message+" 由于 IE 插件运行错误，此项功能将不能正常实现，需重
启 SDK demo 或检查配置及输入参数！");
                        return;
                }

                setStr=setStr.substring(index+2,setStr.length);
                index=setStr.indexOf("||");
        }
        if (setStr.length>0 && setStr.indexOf("||")==-1) //只改变一个工具栏时
        {
                txml = "<?xml version='1.0' encoding='UTF-8'?><Xml>
                <Service>RedOffice.ActiveX.UIControl</Service>
                <Function><ParaNumber>2</ParaNumber><members>
                <member><name>Slot</name><value>"
                +setStr+"</value></member>
                <member><name>Flag</name><value>"
                +flag+"</value></member>
                </members></Function></Xml>";
                tfunc = "menuControl";
                try{
                        document.getElementById("RedOfficeCtrl").ROInvoke(tfunc, txml);
                }
                catch(e){
                        alert(e.name + " " + e.message+" 由于 IE 插件运行错误，此项功能将不能正常实现，需重
启 SDK demo 或检查配置及输入参数！");
                        return;
                }
        }
    }
    document.SettingValue="";
    }
```


7.3 DocObject 文档对象

7.3.1 insertTable

1. 功能描述

在当前文档光标处插入表格。

2. 网页调用实例

（1）用户交互页面（RO_DocObject_InsertTable_Set.html）主要程序：

```
function returnVal()
{
    var vsetVal;
    if(document.getElementById( "setTableName" ).value != "" && document.getElementById("setRows").value !
= "" && document.getElementById( "setCols" ).value != "")
    {
        if(document.getElementById("setRows").value>260 || document.getElementById("setCols").value>63)
            alert("表格行数最多为 260 行,列数最多为 63 列！ ");
        else if(!IsInt(document.getElementById("setRows").value) || !IsInt(document.getElementById("setCols").value))
            alert("表格的行数和列数必须为整数！ ");
        else
        {
            vsetVal = document.getElementById( "setTableName" ).value;
            vsetVal = vsetVal+"||"+document.getElementById( "setRows" ).value;
            vsetVal = vsetVal+"||"+document.getElementById( "setCols" ).value;
            window.opener.document.SettingValue=vsetVal;
            window.close();
        }
    }
    else
    {
        window.opener.document.SettingValue="";
        window.close();
    }
}
function IsInt(s)
{
    var OneNum;
    var i=0;
    var isint=true;
    while (i<s.length)
    {
        OneNum=s.substring(i,i+1);
        if(OneNum>="0" && OneNum<="9")
            i++;
        else
        {
            isint=false;
            break;
        }
    }
    return isint;
}
function onReset()
{
    document.getElementById( "setTableName" ).value = "";
```

```
        document.getElementById( "setRows" ).value = "";
        document.getElementById( "setCols" ).value = "";
    }
    function onUnload()
    {
        window.opener.DocObject_InsertTable();
    }
```

（2）接口调用页面（RoExcFunction.js）主要程序：

```
    function DocObject_InsertTable(){
    var setStr = document.SettingValue;
    if(setStr!="")
    {
        var vIndex0 = setStr.indexOf("||");
        var vTableName = setStr.substring(0,vIndex0);
        var setStr1 = setStr.substring(vIndex0+2,setStr.length);
        var vIndex1 = setStr1.indexOf("||");
        var vRows = setStr1.substring(0,vIndex1);
        var vCols = setStr1.substring(vIndex1+2,setStr1.length);
        txml="<?xml version='1.0' encoding='UTF-8'?><Xml>
        <Service>RedOffice.ActiveX.DocObject</Service>
        <Function><ParaNumber>3</ParaNumber>
        <members>
        <member><name>url</name><value>"
        +vTableName+"</value></member>
        <member><name>Value</name><value>"
        +vRows+"</value></member>
        <member><name>Type</name><value>"
        +vCols+"</value></member>
        </members></Function></Xml>";
        tfunc = "insertTable";
        try
        {
            document.getElementById("RedOfficeCtrl").ROInvoke(tfunc, txml);
        }
        catch(e)
        {
            alert(e.name + " " + e.message+" 由于IE插件运行错误，此项功能将不能正常实现，需重启SDK
demo 或检查配置及输入参数！");
            return;
        }
    }
    document.SettingValue="";
    }
```

7 Chapter

7.3.2 splitTableCell

1. 功能描述

拆分指定表格中的某个单元格。

2. 网页调用实例

（1）用户交互页面（RO_DocObject_SplitTableCell_Set.html）主要程序：

```
function returnVal()
{
    var vsetVal;
    if(document.getElementById( "setTableName" ).value != "" && document.getElementById( "setCell
Name" ).value != "" && document.getElementById( "setCount" ).value != "")
    {
        vsetVal = document.getElementById( "setTableName" ).value;
        vsetVal = vsetVal+"||"+document.getElementById( "setCellName" ).value;
        vsetVal = vsetVal+"||"+document.getElementById( "setCount" ).value;
        var radioes = document.getElementsByName("setFlag");
        for(var i=0;i<radioes.length;i++)
        {
            if(radioes[i].checked)
            {
                vsetVal=vsetVal+"||"+radioes[i].value;
                window.opener.document.SettingValue=vsetVal;
            }
        }
    }
    else
    {
        window.opener.document.SettingValue="";
    }
    window.close();
}

function onReset()
{
    document.getElementById("setTableName").value="";
    document.getElementById("setCellName").value="";
    document.getElementById("setCount").value="";
    var radioes = document.getElementsByName("setFlag");
    radioes[0].checked=true;
}

function onUnload()
{
    window.opener.DocObject_SplitTableCell();
}
```

（2）接口调用页面（RoExcFunction.js）主要程序：

```
function DocObject_SplitTableCell()
{
var vTableName,vCellName,vCount,vFlag,vIndex0,vIndex1,vIndex2,setStr1,setStr2;
var setStr = document.SettingValue;
if(setStr != "")
{
        vIndex0 = setStr.indexOf("||");
        vTableName = setStr.substring(0,vIndex0);
        setStr1 = setStr.substring(vIndex0+2,setStr.length);
        vIndex1 = setStr1.indexOf("||");
        vCellName = setStr1.substring(0,vIndex1);
        setStr2 = setStr1.substring(vIndex1+2,setStr1.length);
        vIndex2 = setStr2.indexOf("||");
        vCount = setStr2.substring(0,vIndex2);
        vFlag = setStr2.substring(vIndex2+2,setStr2.length);
        txml="<?xml version='1.0' encoding='UTF-8'?><Xml>
        <Service>RedOffice.ActiveX.DocObject</Service>
        <Function><ParaNumber>4</ParaNumber>
        <members>
        <member><name>TableName</name><value>"
        +vTableName+"</value></member>
        <member><name>CellName</name><value>"
        +vCellName+"</value></member>
        <member><name>Count</name><value>"
        +vCount+"</value></member>
        <member><name>Flag</name><value>"
        +vFlag+"</value></member>
        </members></Function></Xml>";
        tfunc = "splitTableCell";
        var s=document.getElementById("RedOfficeCtrl").ROInvokeEx(tfunc, txml);
}
document.SettingValue="";
}
```

7.3.3 mergerTableCell

1. 功能描述

合并指定表格中的某几个单元格。

2. 网页调用实例

（1）用户交互页面（RO_DocObject_MergerTableCell_Set.html）主要程序：

```
function returnVal()
{
        var vsetVal;
        if(document.getElementById( "setTableName" ).value != "" && document.getElementById( "setStart" ).value ! =
"" && document.getElementById( "setEnd" ).value != "")
        {
```

```
        vsetVal = document.getElementById( "setTableName" ).value;
        vsetVal = vsetVal+"||"+document.getElementById( "setStart" ).value;
        vsetVal = vsetVal+"||"+document.getElementById( "setEnd" ).value;
        window.opener.document.SettingValue=vsetVal;
    }
    else
    {
        window.opener.document.SettingValue="";
    }
    window.close();
}

function onReset()
{
    document.getElementById("setTableName").value="";
    document.getElementById("setStart").value="";
    document.getElementById("setEnd").value="";
}

function onUnload()
{
    window.opener.DocObject_MergerTableCell();
}
```

（2）接口调用页面（RoExcFunction.js）主要程序：

```
function DocObject_MergerTableCell()
{
var vTableName,vStart,vEnd,vIndex0,vIndex1,setStr1;
var setStr=document.SettingValue;
if(setStr != "")
{
    vIndex0 = setStr.indexOf("||");
    vTableName = setStr.substring(0,vIndex0);
    setStr1 = setStr.substring(vIndex0+2,setStr.length);
    vIndex1 = setStr1.indexOf("||");
    vStart = setStr1.substring(0,vIndex1);
    vEnd = setStr1.substring(vIndex1+2,setStr1.length);
    txml="<?xml version='1.0' encoding='UTF-8'?><Xml>
    <Service>RedOffice.ActiveX.DocObject</Service>
    <Function><ParaNumber>3</ParaNumber>
    <members>
    <member><name>TableName</name><value>"
    +vTableName+"</value></member>
    <member><name>Start</name><value>"
    +vStart+"</value></member>
    <member><name>End</name><value>"
```

```
            +vEnd+"</value></member>
            </members></Function></Xml>";
            tfunc = "mergerTableCell";
            var s=document.getElementById("RedOfficeCtrl").ROInvokeEx(tfunc, txml);
    }
    document.SettingValue="";
    }
```

7.3.4 insertDoc

1．功能描述

在当前光标处插入指定文档的内容，包括远程和本地。文档类型为 RedOffice 可以打开的所有类型文档，HTML、DOC、ODT 等。由于 RedOffice 不能打开 PDF 文档，所以 insertDoc 也不支持插入 pdf 文档。

2．网页调用实例

（1）用户交互页面（RO_DocObject_InsertDoc_Set.html）主要程序：

```
function returnVal()
{
        try
        {
                if (navigator.userAgent.indexOf("Gecko")>0)
                        netscape.security.PrivilegeManager.enablePrivilege( 'UniversalFileRead' );
        }
        catch(err)
        {
                alert(err);
        }
        if(document.getElementById( "setLocalFile" ).value != "")
        {
                var selFile = document.getElementById( "setLocalFile" ).value;
                selFile = "file:///"+selFile.replace(/\\/g,"\/");
                window.opener.document.SettingValue=selFile;
        }
        else if(document.getElementById( "setRemoteFile" ).value != "")
        {
                window.opener.document.SettingValue
=document.getElementById( "setRemoteFile" ).value;
        }
        window.close();
}
function onUnload()
{
        window.opener.DocObject_InsertSomething(2);
}
```

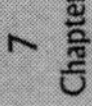

（2）接口调用页面（RoExcFunction.js）主要程序：

```
function DocObject_InsertSomething(flag)
{
var vSet;
switch(flag)
{
case 1://InsertBreak
        vSet=document.SettingValue;
        tfunc = "insertBreak";
        break;
case 2://InsertDoc
        vSet=document.SettingValue;
        tfunc = "insertDoc";
        break;
case 3://InsertImage
        vSet=document.SettingValue;
        tfunc = "insertImage";
        break;
}
if (vSet!="")
{
        txml="<?xml version='1.0'encoding='UTF-8'?><Xml>
                <Service>RedOffice.ActiveX.DocObject</Service>
                <Function><ParaNumber>1</ParaNumber><members>
                <member><name>FieldUrl</name><value>"
                +vSet+"</value></member>
                </members></Function></Xml>";
        if((flag==1) || (flag==2) || (flag==3))
                document.getElementById("RedOfficeCtrl").ROInvoke(tfunc, txml);
}
document.SettingValue="";
}
```

注意

此接口仅对已被保存在计算机中的文档起作用，对新建文档不起作用，即对工具栏中的“编辑文件”按钮处于激活状态的文档起作用。

7.3.5 insertImage

1. 功能描述

在当前文档光标处插入图片。

2. 网页调用实例

（1）用户交互页面（RO_DocObject_InsertImage_Set.html）主要程序：

```
function returnVal()
{
        try
        {
                if( Ext.isGecko3 )
                        netscape.security.PrivilegeManager.enablePrivilege( 'UniversalFileRead' );
        }
```

```
        catch(err)
        {
            alert(err);
        }
        if(document.getElementById( "setImageUrl" ).value != "")
        {
            var selFile = document.getElementById( "setImageUrl" ).value;
            selFile = "file:///"+selFile.replace(/\\/g,"\/");
            window.opener.document.SettingValue=selFile;
        }
        else window.opener.document.SettingValue="";//window.returnValue = "";
        window.close();
    }
    function onUnload()
    {
        window.opener.DocObject_InsertSomething(3);
    }
```

（2）接口调用页面（RoExcFunction.js）主要程序：

```
function DocObject_InsertSomething(flag)
{
var vSet;
switch(flag)
{
case 1://InsertBreak
        vSet=document.SettingValue;
        tfunc = "insertBreak";
        break;
case 2://InsertDoc
        vSet=document.SettingValue;
        tfunc = "insertDoc";
        break;
case 3://InsertImage
        vSet=document.SettingValue;
        tfunc = "insertImage";
        break;
}
if (vSet!="")
{
        txml="<?xml version='1.0'encoding='UTF-8'?><Xml>
        <Service>RedOffice.ActiveX.DocObject</Service>
        <Function><ParaNumber>1</ParaNumber>
        <members>
        <member><name>FieldUrl</name><value>"
        +vSet+"</value></member>
        </members></Function></Xml>";
        if((flag==1) || (flag==2) || (flag==3))
```

```
        document.getElementById("RedOfficeCtrl").ROInvoke(tfunc, txml);
    }
    document.SettingValue="";
}
```

7.3.6 insertBreak

1. 功能描述

在指定公文域或表格的某个位置插入回车符。

2. 网页调用实例

（1）用户交互页面（RO_DocObject_InsertBreak_Set.html）主要程序：

```
function returnVal()
{
    var vsetVal;
    var radioes = document.getElementsByName("setObj");
    for(var i=0;i<radioes.length;i++)
    {
        if(radioes[i].checked)
        {
            vsetVal=radioes[i].value;
        }
    }
    if(document.getElementById("setName").value!="")
    {
        vsetVal=vsetVal+"["+document.getElementById("setName").value+"]";
    }
    if(document.getElementById("setContent").value)
    {
        vsetVal=vsetVal+"."+document.getElementById("setContent").value;
    }
    window.opener.document.SettingValue=vsetVal;
    window.close();
}

function onReset()
{
    var radioes=document.getElementsByName("setObj");
    radioes[0].checked=true;
    document.getElementById("setName").value="";
    document.getElementById("setContent").value="";
}

function onUnload()
{
    window.opener.DocObject_InsertSomething(1);
}
```

（2）接口调用页面（RoExcFunction.js）主要程序：

```
function DocObject_InsertSomething(flag)
{
var vSet;
switch(flag)
{
case 1://InsertBreak
        vSet=document.SettingValue;
        tfunc = "insertBreak";
        break;
case 2://InsertDoc
        vSet=document.SettingValue;
        tfunc = "insertDoc";
        break;
case 3://InsertImage
        vSet=document.SettingValue;
        tfunc = "insertImage";
        break;
}
if (vSet!="")
{
        txml="<?xml version='1.0'encoding='UTF-8'?><Xml>
        <Service>RedOffice.ActiveX.DocObject</Service>
        <Function><ParaNumber>1</ParaNumber>
        <members>
        <member><name>FieldUrl</name><value>"
        +vSet+"</value></member>
        </members></Function></Xml>";
        if((flag==1) || (flag==2) || (flag==3))
                document.getElementById("RedOfficeCtrl").ROInvoke(tfunc, txml);
}
document.SettingValue="";
}
```

7.3.7 setFieldProp

1. 功能描述

设置指定的公文域属性。

2. 网页调用实例

（1）用户交互页面（RO_DocObject_SetFieldProp_Set.html）主要程序：

```
function returnVal()
{
        var vsetVal;
        if(document.getElementById( "setFieldName" ).value != "" && document.getElementById( "setPropName" ).value !
```

```
= "" && document.getElementById( "setValue" ).value != "")
        {
            vsetVal = "FIELDS["+document.getElementById( "setFieldName" ).value+"].Content";
            vsetVal = vsetVal+"||"+document.getElementById( "setPropName" ).value;
            vsetVal = vsetVal+"||"+document.getElementById( "setValue" ).value;
            window.opener.document.SettingValue=vsetVal;
        }
        else
        {
            window.opener.document.SettingValuevalue="";
        }
        window.close();
    }

    function onReset()
    {
        document.getElementById( "setFieldName" ).value="";
        document.getElementById( "setPropName" ).value="";
        document.getElementById( "setValue" ).value="";
    }

    function Initialization()
    {
        alert("注：由于所要设定的公文域属性比较多样，"
            +"\n 所以本处不方便列出具体内容，请根据"
            +"\n 自己的需要设置属性名及其具体值，"
            +"\n 如：属性名：CharHeightAsian；属性值：80"
            +"\n 具体详见 http://api.openoffice.org/docs/common/ref/com/sun/star/style/ CharacterProperties.html");
    }

    function onUnload()
    {
        window.opener.DocObject_SetFieldProp();
    }
```

（2）接口调用页面（RoExcFunction.js）主要程序：

```
function DocObject_SetFieldProp()
{
var vFieldName,vPropName,vValue,vIndex0,vIndex1,setStr1;
var setStr=document.SettingValue;
if(setStr != "")
{
    vIndex0 = setStr.indexOf("||");
    vFieldName = setStr.substring(0,vIndex0);
    setStr1 = setStr.substring(vIndex0+2,setStr.length);
    vIndex1 = setStr1.indexOf("||");
```

```
            vPropName = setStr1.substring(0,vIndex1);
            vValue = setStr1.substring(vIndex1+2,setStr1.length);
            txml="<?xml version='1.0' encoding='UTF-8'?><Xml>
            <Service>RedOffice.ActiveX.DocObject</Service>
            <Function><ParaNumber>3</ParaNumber>
            <members>
            <member><name>url</name><value>"
            +vFieldName+"</value></member>
            <member><name>Value</name><value>"
            +vPropName+"</value></member>
            <member><name>Type</name><value>"
            +vValue+"</value></member>
            </members></Function></Xml>";
        tfunc = "setFieldProp";
            try{
                document.getElementById("RedOfficeCtrl").ROInvoke(tfunc, txml);
            }
            catch(e)
            {
                alert(e.name + " " + e.message+"  由于IE插件运行错误，此项功能将不能正常实现，需重启SDK
demo 或检查配置及输入参数！");
                return;
            }
        }
        document.SettingValue="";
        }
```

7.3.8 getRedlines

1. 功能描述

得到当前文档的修订记录数。

2. 网页调用实例

接口调用页面（RoExcFunction.js）主要程序：

```
        function DocObject_GetRedlines()
        {
        txml ="<?xml version='1.0' encoding='UTF-8'?><Xml>
        <Service>RedOffice.ActiveX.DocObject</Service>
        <Function><ParaNumber>0</ParaNumber>
        <members>
        <member><name></name><type></type><value></value></member>
        </members></Function></Xml>";
        tfunc = "getRedlines";
        try
          {
            var strCount;
```

```
        strCount = document.getElementById("RedOfficeCtrl").ROInvokeEx(tfunc, txml);

    }
    catch(e)
    {
        alert(e.name + " " + e.message+"  由于IE插件运行错误，此项功能将不能正常实现，需重启SDK demo
或检查配置及输入参数！");
        return;
    }
    strCount = "当前文档修订次数："+strCount+" 次！";
    alert(strCount);
}
```

7.3.9 getRedlineType

1．功能描述

得到指定类型的修订记录数。

2．网页调用实例

（1）用户交互页面（RO_DocObject_GetRedlineType_Set.html）主要程序：

```
function returnVal()
{
      var vsetVal;
      if(document.getElementById( "setIndex" ).value != "")
      {
            var obj=document.getElementById("setIndex");
            for(var i=0;i<obj.length;i++)
            {
                  if(obj[i].selected)
                  {
                   vsetVal = obj[i].value;
                  }
            }
      }
      else vsetVal="";
      window.opener.document.SettingValue=vsetVal;
      window.close();
}

function onReset()
{
      var obj=document.getElementById( "setIndex" );
      obj[0].selected=true;
}

function Initialization()
```

```
{
    var count=window.opener.RedlineCount;
    var obj=document.getElementById("setIndex");
    if(count!=0)
    {
        var opt=new Array(count);
        for(var i=0;i<count;i++)
        {
            opt[i]=document.createElement("option");
            opt[i].text=i;
            opt[i].value=i;
            obj.options.add(opt[i]);
        }
        opt[0].selected=true;
    }
    else
    {
        var opt=document.createElement("option");
        opt.text="本文档没有被修订过";
        opt.value="";
        obj.options.add(opt);
    }
}

function onUnload()
{
    if(window.opener.CallFunction=="getRedlineText")
        window.opener.DocObject_GetRedlineText();
    if(window.opener.CallFunction=="getRedlineType")
        window.opener.DocObject_GetRedlineType();
}
```

（2）接口调用页面（RoExcFunction.js）主要程序：

```
function DocObject_GetRedlineType()
{
var setStr=document.SettingValue;
if(setStr!="")
{
    txml="<?xml version='1.0' encoding='UTF-8'?><Xml>
    <Service>RedOffice.ActiveX.DocObject</Service>
    <Function><ParaNumber>1</ParaNumber>
    <members>
    <member><name>FieldUrl</name><value>"
    +setStr+"</value></member>
    </members></Function></Xml>";
```

```
        tfunc = "getRedlineType";
        try{
                var s=document.getElementById("RedOfficeCtrl").ROInvokeEx(tfunc, txml);
        }
        catch(e)
        {
                alert(e.name + " " + e.message+" 由于IE插件运行错误，此项功能将不能正常实现，需重启SDK demo 或检查配置及输入参数！");
                return;
        }
        alert("修订类型："+s);
    }
    window.document.SettingValue="";
    RedlineCount=0;
    CallFunction="";
}
```

7.3.10 getRedlineText

1．功能描述

得到指定修订记录的修订内容。

2．网页调用实例

（1）用户交互页面（RO_DocObject_GetRedlineType_Set.html）主要程序：

```
function returnVal()
{
        var vsetVal;
        if(document.getElementById( "setIndex" ).value != "")
        {
                var obj=document.getElementById("setIndex");
                for(var i=0;i<obj.length;i++)
                {
                        if(obj[i].selected)
                        {
                         vsetVal = obj[i].value;
                        }
                }
        }
        else vsetVal="";
        window.opener.document.SettingValue=vsetVal;
        window.close();
}

function onReset()
{
        var obj=document.getElementById( "setIndex" );
        obj[0].selected=true;
```

```
}

function Initialization()
{
        var count=window.opener.RedlineCount;
        var obj=document.getElementById("setIndex");
        if(count!=0)
        {
                var opt=new Array(count);
                for(var i=0;i<count;i++)
                {
                        opt[i]=document.createElement("option");
                        opt[i].text=i;
                        opt[i].value=i;
                        obj.options.add(opt[i]);
                }
                opt[0].selected=true;
        }
        else
        {
                var opt=document.createElement("option");
                opt.text="本文档没有被修订过";
                opt.value="";
                obj.options.add(opt);
        }
}

function onUnload()
{
        if(window.opener.CallFunction=="getRedlineText")
                window.opener.DocObject_GetRedlineText();
        if(window.opener.CallFunction=="getRedlineType")
                window.opener.DocObject_GetRedlineType();
}
```

（2）接口调用页面（RoExcFunction.js）主要程序：

```
function DocObject_GetRedlineText()
{
var setStr=document.SettingValue;
if(setStr!="")
{
        txml="<?xml version='1.0' encoding='UTF-8'?><Xml>
        <Service>RedOffice.ActiveX.DocObject</Service>
        <Function><ParaNumber>1</ParaNumber>
        <members>
        <member><name>FieldUrl</name><value>"
        +setStr+"</value></member>
```

```
			</members></Function></Xml>";
			tfunc = "getRedlineText";
			try{
				var s=document.getElementById("RedOfficeCtrl").ROInvokeEx(tfunc, txml);
			}
			catch(e)
			{
				alert(e.name + " " + e.message+" 由于IE插件运行错误，此项功能将不能正常实现，需重启 SDK demo 或检查配置及输入参数！");
				return;
			}
			alert("修订内容："+"\""+s.substring(0,s.length)+"\""+"\n（注：遇特殊字符可能无法正常显示，如空格，换行等。）");
		}
		window.document.SettingValue="";
		RedlineCount=0;
		CallFunction="";
	}
```

7.3.11　getSpcRedlines

1. 功能描述

查询指定作者和修订类型的修订记录数。

2. 网页调用实例

（1）用户交互页面（RO_DocObject_GetSpcRedLines_Set.html）主要程序：

```
function returnVal()
{
	var vsetVal;
	if(document.getElementById( "setAuthor" ).value != "")
	{
		vsetVal = document.getElementById( "setAuthor" ).value;
	}
	var obj=document.getElementById("setType");
	for(var i=0;i<obj.length;i++)
	{
		if(obj[i].selected)
		{
		vsetVal = vsetVal+"||"+obj[i].value;
		}
	}

	window.opener.document.SettingValue=vsetVal;
	window.close();
}
```

```
function onReset()
{
    document.getElementById( "setAuthor" ).value="";
    var obj=document.getElementById("setType");
    obj[0].selected=true;
}
function onUnload()
{
    window.opener.DocObject_getSpcRedLines();
}
```

（2）接口调用页面（RoExcFunction.js）主要程序：

```
function DocObject_getSpcRedLines()
{
var vAuthor,vType,vIndex0;
var setStr=window.document.SettingValue;
if(setStr != "")
{
    vIndex0 = setStr.indexOf("||");
    vAuthor = setStr.substring(0,vIndex0);
    vType = setStr.substring(vIndex0+2,setStr.length);
    txml="<?xml version='1.0' encoding='UTF-8'?><Xml>
    <Service>RedOffice.ActiveX.DocObject</Service>
    <Function><ParaNumber>2</ParaNumber>
    <members>
    <member><name>Url</name><value>"
    +vAuthor+"</value></member>
    <member><name>Flag</name><value>"
    +vType+"</value></member>
    </members></Function></Xml>";
    tfunc = "getSpcRedLines";
    try
    {
        var s;
        s = "\""+vAuthor+"\""+" 所 做 的 "+vType+" 操 作 为 "+document.getElementById
("RedOfficeCtrl").ROInvokeEx(tfunc, txml)+"次";
        alert(s.substring(0,s.length));
    }
    catch(e)
    {
        alert(e.name + " " + e.message+" 由于IE插件运行错误，此项功能将不能正常实现，需重启SDK
demo或检查配置及输入参数！");
        return;
    }
}
document.SettingValue="";
}
```

7.3.12 copyNoteFieldContent

1. 功能描述

复制指定公文域内容到另一个公文域内。

2. 网页调用实例

（1）用户交互页面（RO_DocObject_CopyNoteFieldContent_Set.html）主要程序：

```
function returnVal()
{
    var vsetVal;
    if(document.getElementById( "setSourceFieldUrl" ).value != "" && document.getElementById ( "set
TargetFieldUrl" ).value != "")
    {
        vsetVal = "FIELDS["+document.getElementById( "setSourceFieldUrl" ).value+"].Content";
        vsetVal = vsetVal+"||"+"FIELDS["+document.getElementById( "setTargetFieldUrl" ).value+ "].Content";
        window.opener.document.SettingValue=vsetVal;
    }
    else
    {
        window.opener.document.SettingValue="";
    }

    window.close();
}

function onReset()
{
    document.getElementById( "setSourceFieldUrl" ).value="";
    document.getElementById( "setTargetFieldUrl" ).value="";
}

function onUnload()
{
    window.opener.DocObject_CopyNoteFieldContent();
}
```

（2）接口调用页面（RoExcFunction.js）主要内容：

```
function DocObject_CopyNoteFieldContent()
{
var vSourceFieldUrl,vTargetFieldUrl,vIndex0;
var setStr=document.SettingValue;
if(setStr != "")
{
    vIndex0 = setStr.indexOf("||");
    vSourceFieldUrl = setStr.substring(0,vIndex0);
```

```
            vTargetFieldUrl = setStr.substring(vIndex0+2,setStr.length);
            txml="<?xml version='1.0' encoding='UTF-8'?><Xml>
            <Service>RedOffice.ActiveX.DocObject</Service>
            <Function><ParaNumber>2</ParaNumber>
            <members>
            <member><name>SourceFieldUrl</name><value>"
            +vSourceFieldUrl+"</value></member>
            <member><name>TargetFieldUrl</name><value>"
            +vTargetFieldUrl+"</value></member>
            </members></Function></Xml>";
            tfunc = "copyNotefieldContent";
            try{
                  document.getElementById("RedOfficeCtrl").ROInvoke(tfunc, txml);
            }
            catch(e)
            {
                  alert(e.name + " " + e.message+"  由于IE插件运行错误，此项功能将不能正常实现，需重启SDK
demo或检查配置及输入参数！ ");
                  return;
            }
      }
      document.SettingValue="";
      }
```

7.3.13 insertROField

1. **功能描述**

在文档中插入指定名称的公文域。

2. **网页调用实例**

（1）用户交互页面（RO_DocObject_InsertROField_Set.html）主要程序：

```
      function returnVal()
      {
            if(document.getElementById( "ROFieldName" ).value != "")
            {
                  var retStr = document.getElementById( "ROFieldName" ).value;
                  var Delete = document.getElementsByName("CanBeDeleted");
                  for(var i=0;i<Delete.length;i++)
                  {
                        if(Delete[i].checked)
                        {
                              retStr=retStr+"||"+Delete[i].value;
                        }
                  }
                  var Neste = document.getElementsByName( "CanBeNested" );
                  for(var i=0;i<Neste.length;i++)
```

```
            {
                    if(Neste[i].checked)
                    {
                            retStr=retStr+"||"+Neste[i].value;
                    }
            }
            window.opener.document.SettingValue=retStr;
        }
        window.close();
}

function onReset()
{
        document.getElementById( "ROFieldName" ).value="";
        var Delete = document.getElementsByName("CanBeDeleted");
        Delete[0].checked=true;
        var Neste = document.getElementsByName("CanBeNested");
        Neste[0].checked=true;
}

function onUnload()
{
        window.opener.DoObject_InsertROField();
}
```

（2）接口调用页面（RoExcFunction.js）主要程序：

```
function DoObject_InsertROField(){
var setStr = document.SettingValue;
if(setStr != "")
{
        var vIndex0 = setStr.indexOf("||");
        var vROFieldName = setStr.substring(0,vIndex0);
        setStr = setStr.substring(vIndex0+2,setStr.length);
        var vIndex1 = setStr.indexOf("||");
        var vDelete = setStr.substring(0,vIndex1);
        var vNeste = setStr.substring(vIndex1+2,setStr.length);
        txml="<?xml version='1.0' encoding='UTF-8'?><Xml>
        <Service>RedOffice.ActiveX.DocObject</Service>
        <Function><ParaNumber>3</ParaNumber>
        <members>
        <member><name>FieldName</name><value>"
        +vROFieldName+"</value></member>
        <member><name>FieldDel</name><value>"
        +vDelete+"</value></member>
        <member><name>FieldNesting</name><value>"
        +vNeste+"</value></member>
```

7 Chapter

```
        </members></Function></Xml>";
        tfunc = "insertROField";
        try{
            document.getElementById("RedOfficeCtrl").ROInvokeEx(tfunc,txml);
        }
        catch(e){
            alert(e.name + " " + e.message+"  由于IE插件运行错误，此项功能将不能正常实现，需重启SDK
demo 或检查配置及输入参数！");
            return;
        }
    }
    document.SettingValue="";
    }
```

7.3.14 deleteROField

1. 功能描述

删除指定名称的公文域。

2. 网页调用实例

（1）用户交互页面（RO_DocObject_DeleteROField_Set.html）主要程序：

```
function returnVal()
{
    if(document.getElementById( "FieldName" ).value != "")
    {
        var vsetVal;
        vsetVal=document.getElementById("FieldName").value;
        window.opener.document.SettingValue=vsetVal;
    }
    else window.opener.document.SettingValue="";
    window.close();
}
function onReset()
{
    document.getElementById( "FieldName" ).value="";
}
function onUnload()
{
    window.opener.DocObject_DeleteROField();
}
```

（2）接口调用页面（RoExcFunction.js）主要程序：

```
function DocObject_DeleteROField()
{
var setStr=document.SettingValue;
```

```
    if(setStr != "")
    {
        tfunc="deleteROField";
        txml="<?xml version='1.0' encoding='UTF-8'?><Xml>
        <Service>RedOffice.ActiveX.DocObject</Service>
        <Function><ParaNumber>1</ParaNumber>
        <members>
        <member><name>fieldName</name><value>"
        +setStr+"</value></member>
        </members></Function></Xml>";
        try{
            document.getElementById("RedOfficeCtrl").ROInvokeEx(tfunc,txml);
        }
        catch(e)
        {
            alert(e.name + " " + e.message+"  由于IE插件运行错误，此项功能将不能正常实现，需重启SDK
demo 或检查配置及输入参数！ ");
            return;
        }
    }
    document.SettingValue="";
    }
```

7.3.15　getType

1. 功能描述

查询指定单元格的数据类型。

2. 网页调用实例

（1）用户交互页面（RO_DocObject_GetType_Set.html）主要程序：

```
function returnVal()
{
    if(document.getElementById( "RowNum" ).value != "" && document.getElementById("ColNum").value != "")
    {
        var vsetVal;
        vsetVal=document.getElementById("RowNum").value;
        vsetVal=vsetVal+"||"+document.getElementById("ColNum").value;
        window.opener.document.SettingValue=vsetVal;
    }
    else window.opener.document.SettingValue="";
    window.close();
}
function onReset()
{
    document.getElementById( "RowNum" ).value="";
    document.getElementById( "ColNum" ).value="";
```

```
}
function onUnload()
{
    window.opener.DocObject_GetType();
}
```

（2）接口调用页面（RoExcFunction.js）主要程序：

```
function DocObject_GetType()
{
var setStr=document.SettingValue;
var vIndex0,iRow,iCol;
if(setStr!="")
{
      tfunc="getType";
      vIndex0 = setStr.indexOf("||");
      iRow = setStr.substring(0,vIndex0)-1;
      iCol = setStr.substring(vIndex0+2,setStr.length)-1;
      txml="<?xml version='1.0'encoding='UTF-8'?><Xml>
            <Service>RedOffice.ActiveX.DocObject</Service>
            <Function><ParaNumber>2</ParaNumber>
            <members>
            <member><name>row</name><value>"
            +iCol+"</value></member>
            <member><name>column</name><value>"
            +iRow+"</value></member>
            </members></Function></Xml>";
      try{
            var str=document.getElementById("RedOfficeCtrl").ROInvokeEx(tfunc,txml);
            var vstr;
           if (str=="0")
                  vstr="单元格内容为空";
            if (str=="1")
                  vstr="单元格内容为数字类型";
            if (str=="2")
                  vstr="单元格内容为字符串类型";
            if (str=="3")
                  vstr="单元格内容为公式类型";
            alert(vstr);
      }
      catch(e)
      {
            alert("输入数据错误!");
            return;
      }
 }
 document.SettingValue="";
 }
```

7.3.16 redLineControl

1. 功能描述

设定当前文档接受或拒绝修订。

2. 网页调用实例

接口调用页面（RoExcFunction.js）主要程序：

```
function DocObject_RedLineControl()
{
if(AcceptRevision==true)
        AcceptRevision=false;
else
        AcceptRevision=true;
txml ="<?xml version='1.0' encoding='UTF-8'?><Xml>
        <Service>RedOffice.ActiveX.DocObject</Service>
        <Function><ParaNumber>1</ParaNumber>
        <members>
        <member><name>bOn</name><value>"
        +AcceptRevision+"</value></member>
        </members></Function></Xml>";
 tfunc = "redLineControl";
 try
 {
        document.getElementById("RedOfficeCtrl").ROInvoke(tfunc, txml);
 }
 catch(e)
 {
        alert(e.name + " " + e.message+" 由于IE插件运行错误，此项功能将不能正常实现，需重启SDK demo
或检查配置及输入参数！");
        return;
 }
}
```

7.4 DataExchange 数据交互

7.4.1 setNamingValue

1. 功能描述

在指定公文域或表格中的对应位置插入内容。

2. 网页调用实例

（1）用户交互页面（RO_DataExchange_SetNamingValue_Set.html）主要程序：

```
function returnVal()
```

```
{
        var vsetVal;
        if(document.getElementById("setName").value!=""  &&  document.getElementById("setContent").value!=""
&& document.getElementById( "setValue" ).value != "")
        {
                var radioes = document.getElementsByName("setObj");
                for(var i=0;i<radioes.length;i++)
                {
                        if(radioes[i].checked)
                        {
                                vsetVal=radioes[i].value;
                        }
                }
                vsetVal=vsetVal+"["+document.getElementById("setName").value+"]";
                vsetVal=vsetVal+"."+document.getElementById("setContent").value;
                vsetVal = vsetVal+"||"+document.getElementById( "setValue" ).value;
                if(document.getElementById( "setType" ).value != "")
                {
                        var obj=document.getElementById("setType");
                        for(var i=0;i<obj.length;i++)
                        {
                              if(obj[i].selected)
                              {
                               vsetVal = vsetVal+"||"+obj[i].value;
                              }
                        }
                }
                window.opener.document.SettingValue=vsetVal;
        }
        else
        {
                window.opener.document.SettingValue="";
        }
        window.close();
}

function onReset()
{
        var radioes = document.getElementsByName("setObj");
        radioes[0].checked=true;
        document.getElementById("setName").value="";
        document.getElementById("setContent").value="";
        document.getElementById( "setValue" ).value="";
        var obj=document.getElementById("setType");
        obj[0].selected=true;
```

```
}

function onUnload()
{
    window.opener.DataExchange_SetNamingValue();
}
```

b.接口调用页面（RoExcFunction.js）主要程序：

```
function DataExchange_SetNamingValue()
{
var setUrl,setValue,setType,slength,sIndex,setStr1,sIndex1;
var setStr=document.SettingValue;
if(setStr != "")
{
    slength = setStr.length;
    sIndex = setStr.indexOf("||");
    setUrl = setStr.substring(0,sIndex);
    setStr1 = setStr.substring(sIndex+2,slength);
    sIndex1 = setStr1.indexOf("||");
    setValue = setStr1.substring(0,sIndex1);
    setType = setStr1.substring(sIndex1+2,setStr1.length);
    txml="<?xml version='1.0' encoding='UTF-8'?><Xml>
        <Service>RedOffice.ActiveX.DataExchange</Service>
        <Function><ParaNumber>3</ParaNumber>
        <members>
        <member><name>url</name><value>"
        +setUrl+"</value></member>
        <member><name>Value</name><value>"
        +setValue+"</value></member>
        <member><name>Type</name><value>"
        +setType+"</value></member>
        </members></Function></Xml>";
    tfunc = "setNamingValue";
    try{
        document.getElementById("RedOfficeCtrl").ROInvoke(tfunc, txml);
    }
    catch(e)
    {
        alert(e.name + " " + e.message+"  由于 IE 插件运行错误，此项功能将不能正常实现，需重启 SDK
demo 或检查配置及输入参数！");
        return;
    }
}
document.SettingValue="";
}
```

7.4.2 getNamingValue

1. 功能描述

获得指定公文域或表格中的内容。

2. 网页调用实例

（1）用户交互页面（RO_DataExchange_getNamingValue_Set.html）主要程序：

```
function returnVal()
{
    var vsetVal;
    if(document.getElementById("setName").value!="" && document.getElementById("setContent").value!="")
    {
        var radioes = document.getElementsByName("setObj");
        for(var i=0;i<radioes.length;i++)
        {
            if(radioes[i].checked)
            {
                vsetVal=radioes[i].value;
            }
        }
        vsetVal=vsetVal+"["+document.getElementById("setName").value+"]";
        vsetVal=vsetVal+"."+document.getElementById("setContent").value;
        window.opener.document.SettingValue=vsetVal;
    }
    else
    {
        window.opener.document.SettingValue="";
    }
    window.close();
}

function onReset()
{
    var radioes = document.getElementsByName("setObj");
    radioes[0].checked=true;
    document.getElementById("setName").value="";
    document.getElementById("setContent").value="";
}

function onUnload()
{
    window.opener.DataExchange_GetNamingValue();
}
```

（2）接口调用页面（RoExcFunction.js）主要程序：

```
function DataExchange_GetNamingValue()
{
var setStr=document.SettingValue;
if(setStr!="")
{
    try{
        tfunc="getNamingValue";
        txml="<?xml version='1.0' encoding='UTF-8'?><Xml>
            <Service>RedOffice.ActiveX.DataExchange</Service>
            <Function><ParaNumber>1</ParaNumber>
            <members>
            <member><name>url</name><value>"
            +setStr+"</value></member>
            </members></Function></Xml>";
        var str=document.getElementById("RedOfficeCtrl").ROInvokeEx(tfunc, txml);
        alert(str);
    }
    catch(e)
    {
        alert(e.name + " " + e.message+" 由于IE插件运行错误，此项功能将不能正常实现，需重启SDK
demo或检查配置及输入参数！");
        return;
    }
}
document.SettingValue="";
}
```

7.4.3　getCellValue

1. 功能描述

在电子表格中获得指定单元格内的数值。

2. 网页调用实例

（1）用户交互页面（RO_DataExchange_GetCellContent_Set.html）主要程序：

```
function returnVal()
{
    if(document.getElementById( "RowNum" ).value != "" && document.getElementById("ColNum").
value != "")
    {
        var vsetVal;
        vsetVal=document.getElementById("RowNum").value;
        vsetVal=vsetVal+"||"+document.getElementById("ColNum").value;
        window.opener.document.SettingValue=vsetVal;
    }
    else window.opener.document.SettingValue="";
    window.close();
```

```
}
function onReset()
{
        document.getElementById( "RowNum" ).value="";
        document.getElementById( "ColNum" ).value="";
}
function onUnload()
{
        var obj=document.getElementById("DataType");
        var DataType;
        for(var i=0;i<obj.length;i++)
        {
            if(obj[i].selected)
            {
              DataType = obj[i].value;
            }
        }
        window.opener.DataExchange_GetCellContent(DataType);
}
```

（2）接口调用页面（RoExcFunction.js）主要程序：

```
function DataExchange_GetCellContent(DataType)
{
var setStr=document.SettingValue;
var vIndex0,iRow,iCol;
if(setStr!="")
{
        vIndex0 = setStr.indexOf("||");
        iRow = setStr.substring(0,vIndex0)-1;
        iCol = setStr.substring(vIndex0+2,setStr.length)-1;
        if(DataType=="value")
                tfunc="getCellValue";
        if(DataType=="text")
                tfunc="getCellText";
        if(DataType=="formula")
                tfunc="getCellFormula";
        txml="<?xml version='1.0' encoding='UTF-8'?><Xml>
                <Service>RedOffice.ActiveX.DataExchange</Service>
                <Function><ParaNumber>2</ParaNumber>
                <members>
                <member><name>row</name><value>"
                +iCol+"</value></member>
                <member><name>column</name><value>"
                +iRow+"</value></member>
                </members></Function></Xml>";
        try{
```

```
            var str=document.getElementById("RedOfficeCtrl").ROInvokeEx(tfunc,txml);
            if ((DataType=="value") && (str==""))
                alert("0.000000");
            else
                alert(str);
        }
        catch(e)
        {
            alert(e.name + " " + e.message+" 由于 IE 插件运行错误，此项功能将不能正常实现，需重启 SDK demo 或检查配置及输入参数！");
            return;
        }
    }
    document.SettingValue="";
    }
```

7.4.4 getCellText

1. 功能描述

在电子表格中获得指定单元格内的字符串。

2. 网页调用实例

（1）用户交互页面（RO_DataExchange_GetCellContent_Set.html）主要程序：

```
function returnVal()
{
    if(document.getElementById( "RowNum" ).value != "" && document.getElementById("ColNum").value != "")
    {
        var vsetVal;
        vsetVal=document.getElementById("RowNum").value;
        vsetVal=vsetVal+"||"+document.getElementById("ColNum").value;
        window.opener.document.SettingValue=vsetVal;
    }
    else window.opener.document.SettingValue="";
    window.close();
}
function onReset()
{
    document.getElementById( "RowNum" ).value="";
    document.getElementById( "ColNum" ).value="";
}
function onUnload()
{
    var obj=document.getElementById("DataType");
    var DataType;
    for(var i=0;i<obj.length;i++)
```

```
        {
            if(obj[i].selected)
            {
              DataType = obj[i].value;
            }
        }
        window.opener.DataExchange_GetCellContent(DataType);
}
```

（2）接口调用页面（RoExcFunction.js）主要程序：

```
function DataExchange_GetCellContent(DataType)
{
var setStr=document.SettingValue;
var vIndex0,iRow,iCol;
if(setStr!="")
{
        vIndex0 = setStr.indexOf("||");
        iRow = setStr.substring(0,vIndex0)-1;
        iCol = setStr.substring(vIndex0+2,setStr.length)-1;
        if(DataType=="value")
                tfunc="getCellValue";
        if(DataType=="text")
                tfunc="getCellText";
        if(DataType=="formula")
                tfunc="getCellFormula";
        txml="<?xml version='1.0' encoding='UTF-8'?><Xml>
                <Service>RedOffice.ActiveX.DataExchange</Service>
                <Function><ParaNumber>2</ParaNumber>
                <members>
                <member><name>row</name><value>"
                +iCol+"</value></member>
                <member><name>column</name><value>"
                +iRow+"</value></member>
                </members></Function></Xml>";
        try{
                var str=document.getElementById("RedOfficeCtrl").ROInvokeEx(tfunc,txml);
                if ((DataType=="value") && (str==""))
                        alert("0.000000");
                else
                        alert(str);
        }
        catch(e)
        {
                alert(e.name + " " + e.message+" 由于IE插件运行错误，此项功能将不能正常实现，需重启SDK
demo 或检查配置及输入参数！");
                return;
```

```
        }
    }
    document.SettingValue="";
}
```

7.4.5 getCellFormula

1. 功能描述

在电子表格中获得指定单元格内的公式。

2. 网页调用实例

（1）用户交互页面（RO_DataExchange_GetCellContent_Set.html）主要程序：

```
function returnVal()
{
    if(document.getElementById( "RowNum" ).value != "" && document.getElementById("ColNum").
value != "")
    {
        var vsetVal;
        vsetVal=document.getElementById("RowNum").value;
        vsetVal=vsetVal+"||"+document.getElementById("ColNum").value;
        window.opener.document.SettingValue=vsetVal;
    }
    else window.opener.document.SettingValue="";
    window.close();
}
function onReset()
{
    document.getElementById( "RowNum" ).value="";
    document.getElementById( "ColNum" ).value="";
}
function onUnload()
{
    var obj=document.getElementById("DataType");
    var DataType;
    for(var i=0;i<obj.length;i++)
    {
      if(obj[i].selected)
      {
        DataType = obj[i].value;
      }
    }
    window.opener.DataExchange_GetCellContent(DataType);
}
```

（2）接口调用页面（RoExcFunction.js）主要程序：

```
function DataExchange_GetCellContent(DataType)
```

```
{
var setStr=document.SettingValue;
var vIndex0,iRow,iCol;
if(setStr!="")
{
        vIndex0 = setStr.indexOf("||");
        iRow = setStr.substring(0,vIndex0)-1;
        iCol = setStr.substring(vIndex0+2,setStr.length)-1;
        if(DataType=="value")
                tfunc="getCellValue";
        if(DataType=="text")
                tfunc="getCellText";
        if(DataType=="formula")
                tfunc="getCellFormula";
        txml="<?xml version='1.0' encoding='UTF-8'?><Xml>
                <Service>RedOffice.ActiveX.DataExchange</Service>
                <Function><ParaNumber>2</ParaNumber>
                <members>
                <member><name>row</name><value>"
                +iCol+"</value></member>
                <member><name>column</name><value>"
                +iRow+"</value></member>
                </members></Function></Xml>";
        try{
                var str=document.getElementById("RedOfficeCtrl").ROInvokeEx(tfunc,txml);
                if ((DataType=="value") && (str==""))
                        alert("0.000000");
                else
                        alert(str);
        }
        catch(e)
        {
                alert(e.name + " " + e.message+"  由于IE插件运行错误，此项功能将不能正常实现，需重启SDK
demo或检查配置及输入参数！");
                return;
        }
}
document.SettingValue="";
}
```

7.4.6 setCellValue

1. 功能描述

设置电子表格中指定单元格内的数值。

2. 网页调用实例

（1）用户交互页面（RO_DataExchenge_SetCellContent_Set.html）主要程序：

```
function returnVal()
{
    if(document.getElementById( "RowNum" ).value != "" && document.getElementById("ColNum").
value != "" && document.getElementById("CellContent").value!="")
    {
        var vsetVal;
        vsetVal=document.getElementById("RowNum").value;
        vsetVal=vsetVal+"||"+document.getElementById("ColNum").value;
        vsetVal=vsetVal+"||"+document.getElementById("CellContent").value;
        window.opener.document.SettingValue=vsetVal;
    }
    else window.opener.document.SettingValue="";
    window.close();
}
function onReset()
{
    document.getElementById( "RowNum" ).value="";
    document.getElementById( "ColNum" ).value="";
    document.getElementById("CellContent").value="";
}
function onUnload()
{
    var obj=document.getElementById("DataType");
    var DataType;
    for(var i=0;i<obj.length;i++)
    {
        if(obj[i].selected)
        {
          DataType = obj[i].value;
        }
    }
    window.opener.DataExchange_SetCellContent(DataType);
}
```

（2）接口调用页面（RoExcFunction.js）主要程序：

```
function DataExchange_SetCellContent(DataType)
{
var setStr=document.SettingValue;
var vIndex0,iRow,iCol,ivalue;
if(setStr!="")
{
    vIndex0 = setStr.indexOf("||");
    iRow = setStr.substring(0,vIndex0)-1;
    setStr = setStr.substring(vIndex0+2,setStr.length);
    vIndex0 = setStr.indexOf("||");
    iCol = setStr.substring(0,vIndex0)-1;
```

```
            ivalue = setStr.substring(vIndex0+2,setStr.length);
            if(DataType=="value")
                tfunc="setCellValue";
            if(DataType=="text")
                tfunc="setCellString";
            if(DataType=="formula")
                tfunc="setCellFormula";
            txml="<?xml version='1.0' encoding='UTF-8'?><Xml>
                <Service>RedOffice.ActiveX.DataExchange</Service>
                <Function><ParaNumber>3</ParaNumber>
                <members>
                <member><name>row</name><value>"
                +iCol+"</value></member>
                <member><name>column</name><value>"
                +iRow+"</value></member>
                <member><name>value</name><value>"
                +ivalue+"</value></member>
                </members></Function></Xml>";
            try{
                document.getElementById("RedOfficeCtrl").ROInvokeEx(tfunc,txml);
            }
            catch(e)
            {
                alert(e.name + " " + e.message+"  由于IE插件运行错误，此项功能将不能正常实现，需重启SDK
demo 或检查配置及输入参数！");
                return;
            }
        }
        document.SettingValue="";
    }
```

7.4.7 setCellText

1. 功能描述

设置电子表格中指定单元格内的字符串。

2. 网页调用实例

（1）用户交互页面（RO_DataExchenge_SetCellContent_Set.html）主要程序：

```
    function returnVal()
    {
        if(document.getElementById( "RowNum" ).value != "" && document.getElementById("ColNum").value != ""
&& document.getElementById("CellContent").value!="")
        {
            var vsetVal;
            vsetVal=document.getElementById("RowNum").value;
            vsetVal=vsetVal+"||"+document.getElementById("ColNum").value;
            vsetVal=vsetVal+"||"+document.getElementById("CellContent").value;
            window.opener.document.SettingValue=vsetVal;
```

```
    }
    else window.opener.document.SettingValue="";
    window.close();
}
function onReset()
{
    document.getElementById( "RowNum" ).value="";
    document.getElementById( "ColNum" ).value="";
    document.getElementById("CellContent").value="";
}
function onUnload()
{
    var obj=document.getElementById("DataType");
    var DataType;
    for(var i=0;i<obj.length;i++)
    {
      if(obj[i].selected)
      {
        DataType = obj[i].value;
      }
    }
    window.opener.DataExchange_SetCellContent(DataType);
}
```

（2）接口调用页面（RoExcFunction.js）主要程序：

```
function DataExchange_SetCellContent(DataType)
{
var setStr=document.SettingValue;
var vIndex0,iRow,iCol,ivalue;
if(setStr!="")
{
    vIndex0 = setStr.indexOf("||");
    iRow = setStr.substring(0,vIndex0)-1;
    setStr = setStr.substring(vIndex0+2,setStr.length);
    vIndex0 = setStr.indexOf("||");
    iCol = setStr.substring(0,vIndex0)-1;
    ivalue = setStr.substring(vIndex0+2,setStr.length);
    if(DataType=="value")
        tfunc="setCellValue";
    if(DataType=="text")
        tfunc="setCellString";
    if(DataType=="formula")
        tfunc="setCellFormula";
    txml="<?xml version='1.0' encoding='UTF-8'?><Xml>
        <Service>RedOffice.ActiveX.DataExchange</Service>
        <Function><ParaNumber>3</ParaNumber>
```

7 Chapter

```
            <members>
            <member><name>row</name><value>"
            +iCol+"</value></member>
            <member><name>column</name><value>"
            +iRow+"</value></member>
            <member><name>value</name><value>"
            +ivalue+"</value></member>
            </members></Function></Xml>";
        try{
            document.getElementById("RedOfficeCtrl").ROInvokeEx(tfunc,txml);
        }
        catch(e)
        {
            alert(e.name + " " + e.message+" 由于IE插件运行错误，此项功能将不能正常实现，需重启SDK
demo 或检查配置及输入参数！");
            return;
        }
    }
    document.SettingValue="";
    }
```

7.4.8 setCellFormula

1. 功能描述

设置电子表格中指定单元格内的公式。

2. 网页调用实例

（1）用户交互页面（RO_DataExchenge_SetCellContent_Set.html）主要程序：

```
    function returnVal()
    {
        if(document.getElementById( "RowNum" ).value != "" && document.getElementById("ColNum").
value != "" && document.getElementById("CellContent").value!="")
        {
            var vsetVal;
            vsetVal=document.getElementById("RowNum").value;
            vsetVal=vsetVal+"||"+document.getElementById("ColNum").value;
            vsetVal=vsetVal+"||"+document.getElementById("CellContent").value;
            window.opener.document.SettingValue=vsetVal;
        }
        else window.opener.document.SettingValue="";
        window.close();
    }
    function onReset()
    {
        document.getElementById( "RowNum" ).value="";
        document.getElementById( "ColNum" ).value="";
        document.getElementById("CellContent").value="";
```

```
}
function onUnload()
{
    var obj=document.getElementById("DataType");
    var DataType;
    for(var i=0;i<obj.length;i++)
    {
        if(obj[i].selected)
        {
          DataType = obj[i].value;
        }
    }
    window.opener.DataExchange_SetCellContent(DataType);
}
```

（2）接口调用页面（RoExcFunction.js）主要程序：

```
function DataExchange_SetCellContent(DataType)
{
var setStr=document.SettingValue;
var vIndex0,iRow,iCol,ivalue;
if(setStr!="")
{
      vIndex0 = setStr.indexOf("||");
      iRow = setStr.substring(0,vIndex0)-1;
      setStr = setStr.substring(vIndex0+2,setStr.length);
      vIndex0 = setStr.indexOf("||");
      iCol = setStr.substring(0,vIndex0)-1;
      ivalue = setStr.substring(vIndex0+2,setStr.length);
      if(DataType=="value")
            tfunc="setCellValue";
      if(DataType=="text")
            tfunc="setCellString";
      if(DataType=="formula")
            tfunc="setCellFormula";
      txml="<?xml version='1.0' encoding='UTF-8'?><Xml>
            <Service>RedOffice.ActiveX.DataExchange</Service>
            <Function><ParaNumber>3</ParaNumber>
            <members>
            <member><name>row</name><value>"
            +iCol+"</value></member>
            <member><name>column</name><value>"
            +iRow+"</value></member>
            <member><name>value</name><value>"
            +ivalue+"</value></member>
            </members></Function></Xml>";
     try{
```

```
            document.getElementById("RedOfficeCtrl").ROInvokeEx(tfunc,txml);
        }
        catch(e)
        {
            alert(e.name + " " + e.message+"  由于IE插件运行错误，此项功能将不能正常实现，需重启SDK
demo 或检查配置及输入参数！");
            return;
        }
    }
    document.SettingValue="";
}
```

7.4.9 setROFieldContent

1. 功能描述

设置指定公文域的内容。

2. 网页调用实例

（1）用户交互页面（RO_DataExchange_SetROFieldContent_Set.html）主要程序：

```
function returnVal()
{
    var vsetVal;
    if(document.getElementById("FieldName").value!="" && document.getElementById("setContent").value!="")
    {
        vsetVal=document.getElementById("FieldName").value;
        vsetVal=vsetVal+"||"+document.getElementById("setContent").value;
        if(document.getElementById( "setType" ).value != "")
        {
            var obj=document.getElementById("setType");
            for(var i=0;i<obj.length;i++)
            {
                if(obj[i].selected)
                {
                 vsetVal = vsetVal+"||"+obj[i].value;
                }
            }
            window.opener.document.SettingValue=vsetVal;
        }
    }
    else
    {
        window.opener.document.SettingValue="";
    }
    window.close();
}
```

```
function onReset()
{
        document.getElementById("FieldName").value="";
        document.getElementById("setContent").value="";
        var obj=document.getElementById("setType");
        obj[0].selected=true;
}

function onUnload()
{
        window.opener.DataExchange_SetROFieldContent();
}
```

（2）接口调用页面（RoExcFunction.js）主要程序：

```
function DataExchange_SetROFieldContent()
{
var FieldName,FieldContent,Flag,Index,strLength;
var setStr=document.SettingValue;
if(setStr!="")
{
        strLength = setStr.length;
        Index = setStr.indexOf("||");
        FieldName = setStr.substring(0,Index);
        setStr = setStr.substring(Index+2,strLength);
        Index = setStr.indexOf("||");
        FieldContent    = setStr.substring(0,Index);
        Flag = setStr.substring(Index+2,setStr.length);

        txml="<?xml version='1.0' encoding='UTF-8'?><Xml>
                <Service>RedOffice.ActiveX.DataExchange</Service>
                <Function><ParaNumber>3</ParaNumber>
                <members>
                <member><name>FieldName</name><value>"
                +FieldName+"</value></member>
                <member><name>FieldContent</name><value>"
                +FieldContent+"</value></member>
                <member><name>Flag</name><value>"
                +Flag+"</value></member>
                </members></Function></Xml>";
        tfunc = "setROFieldContent";
        try{
                document.getElementById("RedOfficeCtrl").ROInvoke(tfunc, txml);
        }
        catch(e)
        {
```

```
            alert(e.name + " " + e.message+"  由于IE插件运行错误，此项功能将不能正常实现，需重启SDK
demo 或检查配置及输入参数！ ");
            return;
        }
    }
    document.SettingValue="";
    }
```

7.4.10 getROFieldContent

1．功能描述

获得指定公文域内容。

2．网页调用实例

（1）用户交互页面（RO_DataExchange_GetROFieldContent_Set.html）主要程序：

```
function returnVal()
{
    var vsetVal;
    var FieldName = document.getElementsByName("setFieldName");

    if(document.getElementById("setFieldName").value!="")
    {
        vsetVal=document.getElementById("setFieldName").value;
        window.opener.document.SettingValue=vsetVal;
    }
    window.close();
}

function onReset()
{
    document.getElementById("setFieldName").value="";
}

function onUnload()
{
    window.opener.DataExchange_GetROFieldContent();
}
```

（2）接口调用页面（RoExcFunction.js）主要程序：

```
function DataExchange_GetROFieldContent()
{
var setStr=document.SettingValue;
if(setStr!="")
{
    tfunc="getROFieldContent";
    txml="<?xml version='1.0' encoding='UTF-8'?><Xml>
```

```
            <Service>RedOffice.ActiveX.DataExchange</Service>
            <Function><ParaNumber>1</ParaNumber>
            <members>
            <member><name>fieldName</name><value>"
            +setStr+"</value></member>
            </members></Function></Xml>";
        try{
            var str=document.getElementById("RedOfficeCtrl").ROInvokeEx(tfunc,txml);
            alert(str);
        }
        catch(e)
        {
            alert(e.name + " " + e.message+"  由于IE插件运行错误，此项功能将不能正常实现，需重启SDK
demo 或检查配置及输入参数！");
            return;
        }
    }
    document.SettingValue="";
    }
```

7.5 DocOutput 文档输出

7.5.1 pintDoc

1. 功能描述

打印当前文档。

2. 网页调用实例

接口调用页面（RoExcFunction.js）主要程序：

```
function DocOutput_PrintDoc()
{
txml ="<?xml version='1.0' encoding='UTF-8'?><Xml>
        <Service>RedOffice.ActiveX.DocOutput</Service>
        <Function><ParaNumber>2</ParaNumber>
        <members>
        <member><name>bDialog</name><value>true</value></member>
        <member><name>nCopyCount</name><value>1</value>
        </member>
        </members></Function></Xml>";
tfunc = "printDoc";
try
{
        document.getElementById("RedOfficeCtrl").ROInvoke(tfunc, txml);
}
catch(e)
```

```
    {
        alert(e.name + " " + e.message+"  由于IE插件运行错误，此项功能将不能正常实现，需重启 SDK demo 或检查配置及输入参数！");
        return;
    }
}
```

7.5.2 exportPDF

1. 功能描述

将当前文档到处为 PDF 格式文件。

2. 网页调用实例

（1）用户交互页面（RO_Export_PDF.html）主要程序：

```
function returnVal()
{
    if(document.getElementById( "selLocalFile" ).value != "")
    {
        var selFile = document.getElementById( "selLocalFile" ).value;
            if (selFile.indexOf("\\")+1==selFile.lastIndexOf(".pdf") || selFile.indexOf("\\")+1==selFile.length)
        {
            alert("请输入文件名");
            return;
        }
        selFile = "file:///"+selFile.replace(/\\/g,"/");
        if(selFile.lastIndexOf(".pdf")!=selFile.length-4)
            selFile = selFile+".pdf";
        window.opener.document.SettingValue=selFile;
    }
    window.close();
}

function onUnload()
{
    window.opener.DocOutput_Export_PDF();
}
function onReset()
{
    document.getElementById( "selLocalFile" ).value="c:\\RO 导出文档.pdf";
}
```

（2）接口调用页面（RoExcFunction.js）主要程序：

```
function DocOutput_Export_PDF(){
var setStr= document.SettingValue;
if(setStr !="")
```

```
{
        txml ="<?xml version='1.0' encoding='UTF-8'?><Xml>
                <Service>RedOffice.ActiveX.DocOutput</Service>
                <Function><ParaNumber>1</ParaNumber>
                <members>
                <member><name>url</name><value>"
                +setStr+"</value></member>
                </members></Function></Xml>";
        tfunc = "exportPDF";
        try
        {
                document.getElementById("RedOfficeCtrl").ROInvoke(tfunc, txml);
        }
        catch(e)
        {
                alert(e.name + " " + e.message+"  由于IE插件运行错误，此项功能将不能正常实现，需重启SDK
demo 或检查配置及输入参数！ ");
                return;
        }
    }
    document.SettingValue="";
    }
```

7.6　DocAccess 文档安全

7.6.1　setReadOnly

1. **功能描述**

将当前文档设置或关闭只读模式。

2. **网页调用实例**

接口调用页面（RoExcFunction.js）主要程序：

```
function DocAccess_SetReadOnly(){
txml1="<?xml version='1.0' encoding='UTF-8'?><Xml>
        <Service>RedOffice.ActiveX.DocAccess</Service>
        <Function><ParaNumber>0</ParaNumber>
        <members>
        <member><name></name><value></value></member>
        </members></Function></Xml>";
tfunc1="isDisableCopy";
var str = document.getElementById("RedOfficeCtrl").ROInvokeEx(tfunc1, txml1);
var ForReadOnly,setReadOnly;
if (str=="1")
{
        ForReadOnly="true";
```

```
        setReadOnly="false";
    }
    else
    {
        ForReadOnly="false";
        setReadOnly="true";
    }
    txml="<?xml version='1.0' encoding='UTF-8'?><Xml>
        <Service>RedOffice.ActiveX.DocAccess</Service>
        <Function><ParaNumber>1</ParaNumber>
        <members>
        <member><name>Flag</name><value>"
        +setReadOnly+"</value></member>
        </members></Function></Xml>";
    tfunc="setReadOnly";
    try{
        document.getElementById("RedOfficeCtrl").ROInvoke(tfunc,txml);
    }
    catch(e){
        alert(e.name + " " + e.message+" 由于IE插件运行错误，此项功能将不能正常实现，需重启SDK demo
或检查配置及输入参数！");
        return;
    }
    }
```

7.6.2 setAuthor

1. 功能描述

设置文档的作者。

2. 网页调用实例

（1）用户交互页面（RO_DocAccess_SetAuthor_Set.html）主要程序：

```
function returnVal()
{
    if(document.getElementById( "setAuthorName" ).value != "")
    {
        var vsetVal;
        vsetVal=document.getElementById("setAuthorName").value;
        window.opener.document.SettingValue=vsetVal;
    }
    else window.opener.document.SettingValue="";
    window.close();
}
function onReset()
{
    document.getElementById( "setAuthorName" ).value="";
```

```
}
function onUnload()
{
    window.opener.DocAccess_setAuthor();
}
```

（2）接口调用页面（RoExcFunction.js）主要程序：

```
function DocAccess_setAuthor()
{
var setStr=document.SettingValue;
if(setStr != "")
    {
    txml="<?xml version='1.0' encoding='UTF-8'?><Xml>
        <Service>RedOffice.ActiveX.DocAccess</Service>
        <Function><ParaNumber>1</ParaNumber>
        <members>
        <member><name>Author</name><value>"
        +setStr+"</value></member>
        </members></Function></Xml>";
    tfunc="setAuthor";
    try
    {
        document.getElementById("RedOfficeCtrl").ROInvoke(tfunc, txml);
    }
    catch(e)
    {
        alert(e.name + " " + e.message+" 由于IE插件运行错误，此项功能将不能正常实现，需重启SDK
demo 或检查配置及输入参数！");
        return;
    }
    document.SettingValue="";
}
}
```

7.6.3　isModified

1．功能描述

查询当前文档是否已被修改。

2．网页调用实例

接口调用页面（RoExcFunction.js）主要程序：

```
function DocAccess_IsModified(){
txml="<?xml version='1.0' encoding='UTF-8'?><Xml>
    <Service>RedOffice.ActiveX.DocAccess</Service>
    <Function><ParaNumber>0</ParaNumber>
    <members>
    <member><name></name><value></value></member>
```

```
        </members></Function></Xml>";
    tfunc="isModified";
    try{
        var str = document.getElementById("RedOfficeCtrl").ROInvokeEx(tfunc,txml);
        if (str=="1")
            alert("当前文档已被修改！");
        else
            alert("当前文档未被修改！");
    }
    catch(e){
        alert(e.name + " " + e.message+" 由于IE插件运行错误，此项功能将不能正常实现，需重启SDK demo
或检查配置及输入参数！");
        return;
    }
    }
```

7.6.4 isDisableCopy

1．功能描述

查询当前文档是否可被复制。

2．网页调用实例

接口调用页面（RoExcFunction.js）主要程序：

```
    function DocAccess_IsDisableCopy(){
    txml="<?xml version='1.0' encoding='UTF-8'?><Xml>
        <Service>RedOffice.ActiveX.DocAccess</Service>
        <Function><ParaNumber>0</ParaNumber>
        <members>
        <member><name></name><value></value></member>
        </members></Function></Xml>";
    tfunc="isDisableCopy";
    try{
        var str = document.getElementById("RedOfficeCtrl").ROInvokeEx(tfunc, txml);
        if (str=="1")
            alert("当前文档不可复制！");
        else
            alert("当前文档可以复制！");
    }
    catch(e){
        alert(e.name + " " + e.message+" 由于IE插件运行错误，此项功能将不能正常实现，需重启SDK demo
或检查配置及输入参数！");
        return;
    }
    }
```

7.6.5 enableMenu

1. 功能描述

显示或隐藏指定的工具栏按钮。

2. 网页调用实例

（1）用户交互页面（RO_UIControl_EnableMenu_Set.html）主要程序：

```
function returnVal()
{
    var vsetVal="";
    var checkboxes = document.getElementsByName("setButton");
    for(var i=0;i<checkboxes.length;i++)
    {
        if(checkboxes[i].checked)
        {
            if(vsetVal=="")
                vsetVal=checkboxes[i].value;
            else
                vsetVal=vsetVal+","+checkboxes[i].value;
        }
    }
    var radioes = document.getElementsByName("setFlag");
    for(var i=0;i<radioes.length;i++)
    {
        if(radioes[i].checked)
        {
            vsetVal=vsetVal+"||"+radioes[i].value;
            window.opener.document.SettingValue=vsetVal;
        }
    }
    window.close();
}

function onReset()
{
    var checkboxes = document.getElementsByName("setButton");
    for(var i=0;i<checkboxes.length;i++)
    {
        checkboxes[i].checked=false;
    }
    var radioes = document.getElementsByName("setFlag");
    radioes[0].checked=true;
}

function onUnload()
{
    window.opener.DocAccess_EnableMenu();
}
```

（2）接口调用页面（RoExcFunction.js）主要程序：

```
function DocAccess_EnableMenu(){
var setStr = document.SettingValue;
if(setStr != "")
{
        var vIndex0 = setStr.indexOf("||");
        vButton = setStr.substring(0,vIndex0);
        vFlag = setStr.substring(vIndex0+2,setStr.length);
        txml="<?xml version='1.0' encoding='UTF-8'?><Xml>
                <Service>RedOffice.ActiveX.DocAccess</Service>
                <Function><ParaNumber>2</ParaNumber>
                <members>
                <member><name>Url</name><value>"
                +vButton+"</value></member>
                <member><name>Flag</name><value>"
                +vFlag+"</value></member>
                </members></Function></Xml>";
        tfunc = "enableMenu";
        try{
                document.getElementById("RedOfficeCtrl").ROInvoke(tfunc,txml);
        }
        catch(e){
                alert(e.name + " " + e.message+"  由于 IE 插件运行错误，此项功能将不能正常实现，需重启 SDK
demo 或检查配置及输入参数！");
                return;
        }
}
document.SettingValue="";
}
```

7.6.6 executeUNO

1. 功能描述

执行指定的 UNO 命令。

2. 网页调用实例

用户交互页面（RO_DocAccess_ExecuteUno_Set.html）主要程序：

```
function returnVal()
{
        if(document.getElementById( "setUnoName" ).value != "")
        {
                var vsetVal;
                vsetVal=document.getElementById("setUnoName").value;
                window.opener.document.getElementById("setStr").value=vsetVal;
        }
        else window.opener.document.getElementById("setStr").value="";
        window.close();
}
function onReset()
```

```
{
    document.getElementById( "setUnoName" ).value="";
}
function onUnload()
{
    window.opener.InvokeExecuteUNO();
}
```

7.7 CROSignature 签名签章

7.7.1 insertFieldStamp

1. 功能描述

插入公文域签章。

2. 网页调用实例

（1）用户交互页面（RO_CROSignature_InsertFieldStamp_Set.html）主要程序：

```
function returnVal()
{
    if(document.getElementById( "FieldName" ).value != "")
    {
        var vsetVal;
        vsetVal=document.getElementById("FieldName").value;
        window.opener.document.SettingValue=vsetVal;
    }
    else window.opener.document.SettingValue="";
    window.close();
}
function onReset()
{
    document.getElementById( "FieldName" ).value="";
}
function onUnload()
{
    window.opener.CROSignature_InsertFieldStamp();
}
```

（2）接口调用页面（RoExcFucntion.js）主要程序：

```
function CROSignature_InsertFieldStamp()
{
var setStr=document.SettingValue;
if(setStr != "")
{
    if(navigator.platform.indexOf("Win")!=-1)
        txml="<?xml version='1.0' encoding='UTF-8'?><Xml>
            <Service>RedOffice.Security.Signature.ROSECURITY_SERVICE
            </Service>
```

```
                    <Function><ParaNumber>1</ParaNumber>
                    <members>
                    <member><name>fieldName</name><value>"
                    +setStr+"</value></member></members></Function></Xml>";
        else
            txml="<?xml version='1.0' encoding='UTF-8'?><Xml>
                    <Service>RedOffice.Security.Signature.ROSECURITY_LINUX
                    </Service>
                    <Function><ParaNumber>1</ParaNumber>
                    <members><member><name>fieldName</name><value>"
                    +setStr+"</value></member>
                    </members></Function></Xml>";
        tfunc="insertFieldStamp";
        try
        {
            document.getElementById("RedOfficeCtrl").ROInvokeEx(tfunc, txml);
        }
        catch(e)
        {
            alert(e.name + " " + e.message+"  由于IE插件运行错误，此项功能将不能正常实现，需重启SDK
demo或检查配置及输入参数！");
            return;
        }
        document.SettingValue="";
    }
    }
```

7.7.2 insertArea

1．功能描述

在当前光标处插入签章区域。

2．网页调用实例

接口调用页面（RoExcFunction.js）主要程序：

```
function CROSignature_SignDocument()
{
if(navigator.platform.indexOf("Win")!=-1)
    txml="<?xml version='1.0' encoding='UTF-8'?><Xml>
        <Service>RedOffice.Security.Signature.ROSECURITY_SERVICE
        </Service><Function><ParaNumber>0</ParaNumber>
        <members>
        <member><name></name><value></value></member>
        </members></Function></Xml>";
else
    txml="<?xml version='1.0' encoding='UTF-8'?><Xml>
        <Service>RedOffice.Security.Signature.ROSECURITY_LINUX
        </Service><Function><ParaNumber>0</ParaNumber>
        <members>
        <member><name></name><value></value></member>
```

7 Chapter

```
                </members></Function></Xml>";
    tfunc="insertArea"
    try
    {
        var str = document.getElementById("RedOfficeCtrl").ROInvokeEx(tfunc, txml);
        if(str==0) return;
    }
    catch(e)
    {
        alert(e.name + " " + e.message+" 由于IE插件运行错误，此项功能将不能正常实现，需重启SDK demo
或检查配置及输入参数！ ");
        return;
    };
    tfunc="signDocument";
    try
    {
        document.getElementById("RedOfficeCtrl").ROInvokeEx(tfunc, txml);
    }
    catch(e)
    {
        alert(e.name + " " + e.message+" 由于IE插件运行错误，此项功能将不能正常实现，需重启SDK demo
或检查配置及输入参数！ ");
        return;
    }
    }
```

7.7.3 signDocument

1. 功能描述

调用签章对话框进行文档签章。

2. 网页调用实例

接口调用页面（RoExcFunction.js）主要程序：

```
    function CROSignature_SignDocument()
    {
    if(navigator.platform.indexOf("Win")!=-1)
        txml="<?xml version='1.0' encoding='UTF-8'?><Xml>
            <Service>RedOffice.Security.Signature.ROSECURITY_SERVICE
            </Service><Function><ParaNumber>0</ParaNumber>
            <members>
            <member><name></name><value></value></member>
            </members></Function></Xml>";
    else
        txml="<?xml version='1.0' encoding='UTF-8'?><Xml>
            <Service>RedOffice.Security.Signature.ROSECURITY_LINUX
            </Service><Function><ParaNumber>0</ParaNumber>
            <members>
            <member><name></name><value></value></member>
            </members></Function></Xml>";
```

```
    tfunc="insertArea"
    try
    {
        var str = document.getElementById("RedOfficeCtrl").ROInvokeEx(tfunc, txml);
        if(str==0) return;
    }
    catch(e)
    {
        alert(e.name + " " + e.message+"  由于IE插件运行错误，此项功能将不能正常实现，需重启SDK demo
或检查配置及输入参数！");
        return;
    };
    tfunc="signDocument";
    try
    {
        document.getElementById("RedOfficeCtrl").ROInvokeEx(tfunc, txml);
    }
    catch(e)
    {
        alert(e.name + " " + e.message+"  由于IE插件运行错误，此项功能将不能正常实现，需重启SDK demo
或检查配置及输入参数！");
        return;
    }
    }
```

7.7.4 VerifyDocument

1. 功能描述

进行文档验章。

2. 网页调用实例

接口调用页面（RoExcFunction.js）主要程序：

```
function CROSignature_VerifyDocument()
{
if(navigator.platform.indexOf("Win")!=-1)
    txml="<?xml version='1.0' encoding='UTF-8'?><Xml>
        <Service>RedOffice.Security.Signature.ROSECURITY_SERVICE
        </Service><Function><ParaNumber>0</ParaNumber>
        <members>
        <member><name></name><value></value></member>
        </members></Function></Xml>";
else
    txml="<?xml version='1.0' encoding='UTF-8'?><Xml>
        <Service>RedOffice.Security.Signature.ROSECURITY_LINUX
        </Service><Function><ParaNumber>0</ParaNumber>
        <members>
        <member><name></name><value></value></member>
        </members></Function></Xml>";
tfunc="VerifyDocument";
```

```
    try
    {
        document.getElementById("RedOfficeCtrl").ROInvokeEx(tfunc, txml);
    }
    catch(e)
    {
        alert(e.name + " " + e.message+"  由于IE插件运行错误，此项功能将不能正常实现，需重启SDK demo
或检查配置及输入参数！");
        return;
    }
    }
```

7.7.5 DeleteDocStamper

1. 功能描述

调用删章对话框删除所选验章。

2. 网页调用实例

接口调用页面（RoExcFunction.js）主要程序：

```
function CROSignature_DeleteDocStamper()
{
if(navigator.platform.indexOf("Win")!=-1)
    txml="<?xml version='1.0' encoding='UTF-8'?><Xml>
        <Service>RedOffice.Security.Signature.ROSECURITY_SERVICE
        </Service><Function><ParaNumber>0</ParaNumber>
        <members>
        <member><name></name><value></value></member>
        </members></Function></Xml>";
else
    txml="<?xml version='1.0' encoding='UTF-8'?><Xml>
        <Service>RedOffice.Security.Signature.ROSECURITY_LINUX
        </Service><Function><ParaNumber>0</ParaNumber>
        <members>
        <member><name></name><value></value></member>
        </members></Function></Xml>";
    tfunc="DeleteDocStamper";
try
{
    document.getElementById("RedOfficeCtrl").ROInvokeEx(tfunc, txml);
}
catch(e)
{
    alert(e.name + " " + e.message+"  由于IE插件运行错误，此项功能将不能正常实现，需重启SDK demo
或检查配置及输入参数！");
    return;
}
}
```

8

术语和缩略语

1. UNO

Universal Network Objects　通用网络对象

2. API

Application Programming Interface　应用程序的接口定义

3. 组件

应用程序的相对独立的有完整功能的组成部分。

4. 接口

一个对象的属性和方法的集合

5. ActiveX 控件

是基于组件对象模型（COM）的可重用软件组件，它支持广泛的 OLE 功能并可自定义以满足多种软件的需要。

6. Plug-in 插件

是基于跨平台组件对象模型（XPCOM）的可重用软件组件，它支持广泛的 XPCOM 功能并可自定义以满足多种软件的需要。

7. 集成

将各功能部分综合、整合为统一的系统。

8. 注册表

是一个数据库，用来存储计算机软硬件的各种配置数据。